輕俗鄒虛稱保石刹纖塵之義也又鍛工鑄刀時取斯
班塵之然則去火氣之
俗龜謂窯土厚板為臺座建片細竹又橫片俊
八藁繞之是為骨金橘土金鑪或二或三居之提擧
以置便宜之處是謂盥窯土二條三條河原町坊
芝之倭俗圬者謂壁塗又謂左官不解其義一說
然則其義粗通焉干

石
凡山城國處々出者有雜品上粟田北白川山土中
悉白右也村民農業之暇事石工故隨其用而研取之
大鑒㧞者至長二三丈凡朝廷官殿之柱礎市鄽溝渠
之界石并石壁石橋井欄礎石碑碣石塔等物無不用
之其鑒穿時所砕散之砂石至白是謂白砂
行路敷之而清道是謂撒砂高貴來臨處門前左右各

石と造園 100 話

小林　章　著

妙心寺退蔵院

本書を妻・由枝に捧げる

まえがき

　石は造園の重要な材料であり、構成要素である。しかし造園材料としての石とその利用を写真入りで平易に解説した図書は少なく、コンパクトな図書となると皆無に等しかった。そこで著者は、「石と造園100話」として、まとめることにした。100話は、造園における敷砂、石組や石の施設（階段・擁壁・側溝・舗装など）に着目し、石材の使い方、活かし方、その石が選ばれた理由などの視点を大切にしつつ、石の加工法や時代背景も記述した。
　石材に期待されるのはまず耐久性であろう。そして美しさも。
　石は古典的な造園材料であるから、100話は日本の造園作品や構造物・施設や産地をおおむね年代順に配列し、事例は寺社境内、大名庭園、住宅庭園、都市公園、自然公園などである。日本各地の事例を選びたかったが、著者がよく知る場所を中心に100話に点描する形にした。作品と共に、石の産地の様子もなるべく紹介した。材料の産地を知ることは、造園技術者として基本的な姿勢であろう。
　本書にはモノクロ写真も含まれているが、全て著者の撮影である。本書は施設の基礎工事に使う栗石・砕石等、工事完了後に隠れてしまう石材には触れていないが、写真入りの100話という制約のため、軽視したわけではない。
　著者は東京農業大学の大学院と学部で造園施設材料や造園施工を中心に講義し、造園の建設技術に関わる内容全般を担当してきた。ここ10年ほどは造園技術のテキスト類編纂に関わる社会的活動が多かった。石材だけ講義してきたのではないが、造園の石材に特化した教科があったなら、とは夢である。造園に関わる技術者や、造園を学ぶ学生に、本書を役立てていただけるなら嬉しいことである。

2015年8月

小林　章

目　次

まえがき……3
1　伊勢神宮のお白石（三重県伊勢市）……8
2　お白石持ち神事と宮川（三重県伊勢市）……9
3　伊勢神宮　御手洗場と石段（三重県伊勢市）……10
4　二見興玉神社と青石（三重県伊勢市）……12
5　京都御所の白砂（京都府京都市）……13
6　大徳寺大仙院庭園の石組（京都府京都市）……15
7　妙心寺退蔵院枯山水の石組（京都府京都市）……16
8　龍安寺石庭の石組（京都府京都市）……17
9　松向軒露地の飛石（京都府京都市）……18
10　有楽苑の釜山海手水鉢（愛知県犬山市）……19
11　二条城二の丸庭園の石組（京都府京都市）……20
12　智積院庭園の石橋（京都府京都市）……21
13　京都の川と石（京都府京都市・宇治市）……22
14　海の青石・川の青石（和歌山市・有田市・伊方町・神川町・藤岡市）……24
15　粉河寺庭園の石組（和歌山県紀の川市）……27
16　金地院枯山水の鶴島と亀島（京都府京都市）……28
17　上野東照宮　大石鳥居と参道敷石（東京都台東区）……29
18　旧芝離宮恩賜庭園の池と庭石（東京都港区）……30
19　旧芝離宮恩賜庭園・根府川海岸　黒ぼく石（東京都港区・神奈川県小田原市）……31
20　小石川後楽園・真鶴岬　海の石（東京都文京区・神奈川県真鶴町）……32
21　小石川後楽園の円月橋（東京都文京区）……34
22　小石川後楽園の敷石（東京都文京区）……35
23　小石川後楽園・真鶴岬　石の矢跡（東京都文京区・神奈川県真鶴町）……36
24　小石川後楽園・新宿御苑　礫岩の庭石（東京都文京区・新宿区）……38
25　小石川後楽園内庭　石橋と石積み（東京都文京区）……40
26　銀閣寺庭園の向月台・銀砂灘（京都府京都市）……41
27　兼六園　穴太と戸室石（石川県金沢市）……42
28　兼六園の雁行橋（石川県金沢市）……44

29	兼六園の翠滝	（石川県金沢市）……45
30	金沢の胴割石積みと犀川・浅野川の玉石	（石川県金沢市）……46
31	兼六園　曲水の底の玉石	（石川県金沢市）……48
32	金沢の坪庭　石燈籠の障子	（石川県金沢市）……49
33	七里御浜　那智黒・那智白	（三重県熊野市）……50
34	大橋家住宅の沓脱石	（岡山県倉敷市）……52
余話	江戸時代の庭石の記事と『庭園』の熟語……53	
35	尾山神社の戸室石製施設	（石川県金沢市）……54
36	尾山神社「楽器の庭」の石	（石川県金沢市）……55
37	上野東照宮の不忍池側参道：近代の上野公園入口	（東京都文京区）……56
38	上野東照宮　磨いた根府川石の碑	（東京都文京区）……58
39	靖国神社　華族の石燈籠	（東京都千代田区）……59
40	清澄庭園の磯渡り石	（東京都江東区）……61
41	清澄庭園の滝石組	（東京都江東区）……62
42	清澄庭園　池畔の磯石	（東京都江東区）……64
43	清澄庭園　池畔の船着き石	（東京都江東区）……65
44	清澄庭園　富士山の石	（東京都江東区）……66
45	旧岩崎邸庭園　坂道の玉石積み	（東京都文京区）……67
46	旧岩崎邸庭園の袖石塀	（東京都文京区）……68
47	平安神宮庭園の沢渡り石	（京都府京都市）……69
48	無鄰菴庭園　流れの石	（京都府京都市）……70
49	三神社の井内石製オベリスク型施設	（宮城県塩竈市・石巻市）……72
50	日比谷公園　門柱の石材	（東京都千代田区）……74
51	日比谷公園　雲形池の玉石護岸と水路の玉石積み	（東京都千代田区）……76
52	日比谷公園　第一花壇の玉石縁	（東京都千代田区）……78
53	日比谷公園の切石皿型側溝	（東京都千代田区）……79
54	石巻神社の石鳥居と「昭忠」碑・井内石	（宮城県石巻市）……80
55	新宿御苑のフランス式整形庭園　玉石張り側溝	（東京都新宿区）……82
56	新宿御苑の飛石・根府川石	（東京都新宿区・神奈川県小田原市）……83
57	新宿御苑　池の玉石護岸・根府川海岸の玉石	（東京都新宿区・神奈川県小田原市）……84
58	新宿御苑玉藻池の州浜・伊勢ごろた	（東京都新宿区・三重県菰野町）……86
59	上野公園　「西郷さん」銅像下の石段	（東京都文京区）……88

60	鹽竈神社　裏参道の井内石製施設	（宮城県塩竈市）……89
61	旧赤坂離宮迎賓館　石の花鉢と稲田みかげ	（東京都港区）……90
62	強羅公園　石積みと方位盤	（神奈川県箱根町）……92
63	桜山八幡宮の古い社号標と松倉石	（岐阜県高山市）……94
64	旧古河庭園の石橋	（東京都北区）……96
65	明治村　旧帝国ホテルの池畔	（愛知県犬山市）……97
66	清澄庭園　火を浴びた手水鉢	（東京都江東区）……98
67	明治神宮外苑の石造施設	（東京都渋谷区）……99
68	明治神宮外苑イチョウ並木の縁石	（東京都港区）……101
69	乃木公園　石積み擁壁と石段	（東京都港区）……102
70	横浜公園　噴水の水盤と門柱	（神奈川県横浜市）……104
71	山下公園のバルコニー石積みと小松石	（神奈川県横浜市・真鶴町）……106
72	皇居前広場の縁石・玉砂利	（東京都千代田区）……108
73	前川國男邸の石塀とテラス	（東京都小金井市）……110
74	三井八郎右衛門邸の庭石	（東京都小金井市）……111
75	香川県庁舎の南庭　割肌の巨石	（香川県高松市）……113
76	城南宮楽水宛　「桃山の庭」の石組	（京都府京都市）……114
77	玉堂美術館　枯山水の石組	（東京都青梅市）……115
78	大徳寺瑞峯院　独坐庭の石組	（京都府京都市）……116
79	屋久島　登山道の石畳	（鹿児島県屋久島町）……117
80	駒沢オリンピック公園・代々木競技場の舗石	（東京都世田谷区・渋谷区）……118
81	皇居東御苑「諏訪の茶屋」と錆砂利	（東京都千代田区・茨城県真壁郡）……120
82	北の丸公園　池の護岸の六方石と小舗石積み	（東京都千代田区）……121
83	UR大島四丁目団地の石積み	（東京都江東区）……122
84	摩文仁の丘　石積み	（沖縄県糸満市）……123
85	古川親水公園の玉石張り	（東京都江戸川区）……124
86	大島緑道公園　入口の石積み壁・石張り広場	（東京都江東区）……125
87	栃木県中央公園　八角パーゴラの柱	（栃木県宇都宮市）……126
88	西川緑道公園　石の花の噴水	（岡山県岡山市）……127
89	日比谷公園緑化道路の木曾石	（東京都千代田区・岐阜県中津川市）……128
90	国営昭和記念公園　カナールと舗石	（東京都立川市・昭島市）……130
91	馬事公苑前けやき広場の舗石	（東京都世田谷区）……131

92 小樽運河遊歩道の小舗石（北海道小樽市）……132
93 諏訪市湖畔公園の石張り園路（長野県諏訪市）……133
94 甲州鞍馬石の里（山梨県甲州市）……134
95 平塚市総合公園　割肌の石による流れの石組（神奈川県平塚市）
　　……135
96 けいはんな記念公園の岩壁（京都府相楽郡精華町）……136
97 富士山こどもの国　富士ぼくのモニュメント（静岡県富士市）……137
98 難波宮跡公園　遺構の表示と石（大阪府大阪市）……138
99 横浜赤レンガパーク　赤レンガ倉庫の舗石（神奈川県横浜市）……139
100 石川県庁・県民の森の胴割石積み（石川県金沢市）……140

主要参考文献……141
索　　引……143
あとがき……145

凡例　本文中の（⇒数字）は、関連する話の番号を示す。
　　　図のキャプションの（数字）は、写真の撮影年。

1 伊勢神宮のお白石（三重県伊勢市）

　伊勢神宮には内宮と外宮があり、神々の多数の社殿がある。社殿の立つ敷地は20年に一度の式年遷宮のために、となりに同じ形大きさの敷地が更地で存在している。次の20年目にそこに新しい社殿が建てられる。更地といっても白と黒の玉石で直線的な模様が描かれており、白い小石（石英片岩）を「お白石」という。深い森に囲まれて小石を敷き詰めた敷地は、清らかさの極みに見える。

　白い小石は川原から一つ一つ拾い集められたもので、白い石だけの川原など無く、それを敷き詰めた空間は極めて人工的なものである。（⇒5）

　伊勢神宮の式年遷宮や神明造（⇒39, 54）の建築様式は7世紀の天武天皇・持統天皇の時代に定まったと考えられているが、当時すでに古代中国の思想に学んで神聖な方位は北であり、神宮の社殿は南面する。

　江戸時代に伊勢神宮は国内最大の観光地といえるほど参詣人が多かった。神話のうえの皇室の祖先・天照大神は伊勢神宮の内宮に祀られているが、明治政府により神道が国家の宗教とされ、伊勢神宮は至高の神社とされた。（⇒24, 68）近代日本は、王政復古と共に、古代のように祭政一致であった。近代の神社には官幣社・国弊社・県社・村社など社格が定められたが、伊勢神宮はそれらを超越して社格の対象外とされた。伊勢神宮と官・国幣社には国費が支出された。

内宮　荒祭宮とお白石（2014）

お白石持ち神事と宮川（三重県伊勢市） 2

　伊勢神宮の式年遷宮のとき、新しい社殿の敷地に新たに白い小石を運んで敷くことは神事になっている。「お白石持ち」という。伊勢神宮の近くの宮川（内宮境内を流れる五十鈴川とは別の川）の川原にある白い小石を拾い集め、大勢の人々がお白石の奉献に参加する。伊勢神宮の門前町には樽に入れたお白石が飾られる。

　お白石は紀伊半島を東西に貫く三波川変成帯に産する石英片岩が小石になったものだが、宮川の川原に白い石だけがあるわけではない。（⇒ 4）

　お白石は丸いがやや凹凸があり、小さな穴があったりする。

　お白石の白さは明るく、森の中の神社に敷かれるからちょうどよい。京都の枯山水のように日の当たるところでは白すぎるであろう。

　三波川変成帯は日本列島を縦断する中央構造線の外帯に接する変成岩帯で、関東山地―上伊那―天竜川中流―紀伊半島―四国―九州東部に及ぶ。三波川変成帯に各種の結晶片岩が産出し、緑色片岩、黒色片岩、石英片岩などがある。（⇒ 14）

お白石持ち神事（1993）

お白石もある宮川の川原（1983）

3 伊勢神宮　御手洗場と石段
（三重県伊勢市）

　伊勢神宮の内宮の参拝者は、森の中の境内に流れる五十鈴川の水で手を清める。神社の手水舎の水を柄杓に汲んで手を清める原型である。御手洗場といい、青石（緑色片岩）などを配しゆるやかな階段状に構成され、川のほとりを特別な場にしている。伊勢神宮で最も美しいところの一つである。

　伊勢神宮にはいくつもの社殿にさまざまな神々が祀られている。伊勢神宮の内宮に天照大神の荒魂を祀る荒祭宮があり、内宮正殿の北の窪地に立つ。そこに至る青石などの美しい石段があり、森の緑によく調和している。

　徳川幕府は20年に一度の式年遷宮のたびに三万石を奉納し、江戸時代に伊勢神宮境内の整備が充実したようである。現在も継続的に整備されている。伊勢は三波川変成帯に位置し、青石が産出し、神宮も境内に青石を使っている。お白石（石英片岩）と青石は三波川変成帯の恵みである。

　古代の天武天皇は壬申の乱（672年）のさなか天照大神に加護を祈り、即位（673年）に際して斎内親王により伊勢を奉祭した。伊勢神宮の20年式年遷宮の制は天武天皇が定め、後の持統朝になって遷宮が行われた。伊勢神宮の建築様式はこの時代に定まったと考えられている。それより前、6世紀半ばに外来の宗教である仏教が伝来し、仏教寺院も建立されていた。

　荒祭宮の祭祀を古代中国の思想・陰陽五行思想で解釈し、北極星を中心に『地上の星座』とした研究もある。

　近代の明治政府は天皇中心の中央集権化を進め、天武天皇後に成立した古事記・日本書紀を国民精神の中核をなす書物とした。万葉集の「防人の歌」の一部は軍人精神を表すと推奨され、大伴家持の歌〈海ゆかば……〉は、天皇のため戦死を顧みないという軍歌になった。『神風の』は伊勢に、『神風や』は五十鈴川にかかる枕詞である。

　伊勢神宮は清らかで美しいが、それは近代の天皇の神格化の根源でもあった。太平洋戦争後の政教分離（政治と宗教の分離）を忘れてはなるまい。

　占領下、天皇の人間宣言のあった1946（昭和21）年、GHQ（連合国最高司令官総司令部）の指導のもと伊勢志摩国立公園制定、海と山の自然景観に伊勢神宮など人文景観が溶け込む。伊勢神宮は戦後すぐ、観光地を志向する国立公園に守られ、日本の復興は朝鮮戦争（1950（昭和25）〜1953（昭和28）年・休戦）の特需（在朝鮮アメリカ軍・在日アメリカ軍からの日本への発注）で進み、遅延した式年遷宮は1953年に執行された。

御手洗場 (2014)

荒祭宮への石段 (2014)

4 二見興玉神社と青石（三重県伊勢市）

　二見興玉神社という。夫婦岩に注連縄が張られている。夫婦岩の間から朝日が昇る景色はこの上なくめでたい景色とされた。古代の伊勢は朝廷のあるヤマト（奈良盆地南東部）から神聖な方位の東の果て、日出づる神界であった。古代の日本が中国の思想に学んで神聖な方位は北になったが、それ以前は東であった。

　大きな男岩は青石（緑色片岩）である。社殿と参道のある海岸の崖も青石で、節理が明瞭である。二見ヶ浦は古くは伊勢神宮参拝の禊の場所とされていた。青石の海岸が美しいためもあろうか。

　二見ヶ浦は伊勢志摩国立公園の一部でもある。

　紀伊半島は東西に三波川変成帯が貫いており、そこに青石が産し、伊勢は青石の産地なのである。伊勢神宮境内に青石が随所に使われているのは地元の石の利用ではあるが、そこにあるからという理由だけではなかろう。青石は列島を縦断している三波川変成帯に産するが、各地で板碑など信仰の対象の石材に選ばれた。（⇒2, 14, 15）

　話は飛ぶが、東京国立博物館・東洋館に常設展示の、時代も国も異なるガンダーラの石仏もまた、緑色片岩製である。

二見興玉神社・夫婦岩（2014）

京都御所の白砂（京都府京都市） 5

　京都御所は平安時代から幾度も立て替えられ、現在の紫宸殿は江戸時代末期、1855（安政2）年の再建である。京都は古代中国の都市計画にならい南北軸が通る碁盤の目のかたちであり、御所は南面する。紫宸殿の南庭には白砂が敷きつめられている。砂場の砂ほど細かくなく、礫に相当する粒径である。角張った花崗岩の石粒でややもろく、白川砂という。角張った粒と粒がかみ合い、砂紋を描くと崩れにくい。室町時代の京の都のパノラマ、「上杉家本洛中洛外図屏風」の紫宸殿南庭にも粗粒の白砂が描かれた。儀式に、帝と重臣は殿上、臣下は庭上であった。庭の地面を儀式用の神聖な場所にするには、土に直接触れず、草も塵芥も無く清らかに、そのために白砂が用いられた。（⇒1）

　京都で庭の白砂は白川砂を指し、京都らしさを感じさせる要素である。

　比叡山系の白い北白川花崗岩を砕いた石粒で、新たな採取はすでに困難になった。江戸時代も、もっと前の室町時代にも白川砂は砕砂だったようである。白川砂は粒径に区分があり、使い分けられている。（⇒8、26）

　庭では白く見えるが、手に取ればごま塩のように見える。庭に敷くと自然光を反射して白く見えるのである。

　白川砂の名の由来は、京都盆地の東、比叡山から流れ出る白川の川底に

京都御所の白砂（1992）

白い砂があるからである。市中の地名としては白河であった。白川の川砂と砕いた石粒の白川砂の色を比べると、前者は黄ばんでいる。

　京都盆地周辺で花崗岩は比叡山麓だけに産出し、北白川に石工が多く、石材に加工して白川石と言い、白川砂もそこで生産されていた。

　〈いはほきる音もしめりて春雨のふる日しづけき白川の里〉明治天皇

　太平洋戦争後、京都市街は急速に拡大したので、かつて京都の町のすぐとなりに石切場のある田舎が存在していたことはわかりにくくなった。

　幕末の禁門の変（蛤御門の変）のとき京都御所は長州藩により砲撃され、京都の町は炎上した。京都は太平洋戦争の戦災を免れ、1966（昭和41）年の古都保存法により市内に歴史的風土特別保存地区が制定された。

白川砂（1990）

大徳寺大仙院庭園の石組(京都府京都市)

　大仙院石庭は庭石の多くが青石(緑色片岩)で、しかも選び抜かれた美しい石ばかりである。表面がなめらかな青石は川石であろう。禅宗寺院の方丈の狭小な庭に多数の石を組み、水墨画の山水の世界を表現している。石の姿かたちを見つめていると、山岳から滝が流れ落ちて急流を下る雄大なスケールの景色が見えてくる。緑色片岩の片とは板切れの意味で、板状節理があり薄い石である。滝石組は薄く見えないよう幅広の面を正面に向け、橋は石の薄さを見せている。

　青石は京都には産出しないが、京都で庭石として評価され普及した。青石の青は、青葉の青の使い方と同じで、greenである。植物の葉と同じ色相の石が最高の庭石とされたのである。京都に最も近い青石の産地は和歌山県か徳島県、青石は船で大阪湾から淀川をさかのぼったことになる。

　「沈香石」と名づけられた縁側の沓脱石に相当する石は、刃物で切ったような面がある。沈香は香木であり石の形が木片に似ているところから付いた名であろう。このような石も結晶片岩で青石と共に産出する。(⇒ 14)

　堺の豪商で茶の湯を確立した千利休と豊臣秀吉が、この庭を見ながら話した記録が残る。大徳寺は臨済宗大徳寺派大本山で14世紀初めの創建、大仙院は塔頭の一つ。石庭は1540(天文9)年ころの作か。(⇒ 9)

大仙院石庭の滝石組 (1991)

大仙院石庭の「沈香石」(1991)

7 妙心寺退蔵院枯山水の石組
（京都府京都市）

　退蔵院庭園は16世紀初めから半ばに活躍した絵師・狩野元信の作庭と伝わる。さして広くはないが、角張って明るく黄ばんだチャートを多用している。石組は、石材の稜線を活かして力強く、絵画的構成に優れて広がりと奥行きを感じさせ、見つめていると山岳と河川の雄大な景色が見えてくる。

　この庭のように、石の天端(てんば)が水平に近くなるように据え付けると石に安定感が増す、というのは石組の基本である。チャートの石橋は青石に比べて分厚い感じがするが、チャートは庭の橋にもしばしば使われている。

　妙心寺は14世紀半ば花園法皇の開基、臨済宗妙心寺派大本山。退蔵院は塔頭の一つ。

妙心寺退蔵院枯山水（2002）

龍安寺石庭の石組（京都府京都市）

　龍安寺石庭は世界に知られている。白川砂（花崗岩）を敷いた庭の石は海上の島にも、雲海の山頂にも見える。

　庭石はチャートその他の岩石で構成されている。チャートは京都盆地周辺にはごくありふれた岩石である。京都盆地周辺は古生層の地質があり、チャートは2億年以上前の古生層を構成する主要な岩石であり、火打石に使われたほど硬い。固いチャートの山石は量感のある形で、天然の割肌に稜角ができる。稜角のある石はその使い方で庭に鋭さや緊張感をただよわせる。禅宗寺院は修行の場であるから、それがふさわしい。

　石庭は本来、方丈室内から見るように造られたのだが、現代のカメラマンが庭に出て横に回って撮影した写真も、鑑賞に堪える構図として知られるようになった。

　チャートは硬く、世界的に建築石材にはならなかった。未加工のチャートを材料にしたことは、日本庭園の世界的特色の一つと言ってよい。

　龍安寺は臨済宗妙心寺派の寺院、15世紀半ば室町幕府の管領・細川勝元の開基。石庭は16世紀末の作か。世界文化遺産。

龍安寺石庭の石組（1991）

9 松向軒露地の飛石（京都府京都市）

　大徳寺は茶の湯との関わりが深い。1587（天正15）年に豊臣秀吉が催した北野大茶湯に、大名茶人・細川忠興（三斎）が作った茶室を移築したと伝わる松向軒が、三斎が創建した大徳寺高桐院にある。

　二畳台目（畳2枚＋小さな畳）という、侘びた草庵の茶室である。茶室の内部空間は狭く一見素朴だが、緻密に造形された世界で、そこで茶を点てる所作も、茶を喫する所作も、積年の稽古が要る。茶の湯の世界を表す言葉に「和敬清寂」という。

　松向軒の茶庭（露地）の飛石は、小ぶりな丸みを帯びた石を地表からわずかな高さに据えている。体をかがめて茶室に入るにじり口は小さな引戸のところにあるが、その下の踏み石に至る飛石は左右にゆらぐかのように、軽快なリズムさえ感じさせ、それでいて静かに落ち着いている。

　飛石は、言うまでもなく着物に草履で歩く歩幅に設けられ、歩く実用と、庭の景色の両面を考慮して作られる。石と石の間が平行線に近くなるようにすると、石と石がつながって見えるが、大小のバランスや全体の配置も考えながらの作業になる。石の天端は水平に近くする。

　露地の飛石は必要最小限の舗石であり、それまでの庭園様式に無いものであった。

松向軒露地の飛石（1993）

有楽苑の釜山海手水鉢（愛知県犬山市）

　茶庭（露地）では蹲踞が重要な見どころとなる。茶会の客は席入り前に手水鉢の水で口と手を清めるが、これは神社の手水舎の所作にも通じる。

　有楽苑には織田信長の弟の有楽斎による草庵の茶室、如庵（国宝）と共に、古い絵図にも描かれた「釜山海」という銘の手水鉢がある。豊臣秀吉の命じた文禄の役（1592（文禄元）〜1593（文禄2）年）で朝鮮半島から加藤清正が持ち帰ったと伝わる石で、表面に海蝕がくっきり表れている。海蝕・水掘れのある渡来の海石が露地（茶庭）の蹲踞に使われ、清水を湛える用に供された。重厚で力強く印象的な手水鉢である。（⇒ 20）

　草庵の茶では、朝鮮半島渡来の高麗茶碗が、高く評価された。その茶碗は半島では日常の雑器であったという。

　朝鮮半島に攻め入った豊臣秀吉は、朝鮮から見れば侵略者である。

　如庵と釜山海は初め京都の建仁寺の塔頭・正伝院にあり、明治の末には東京の三井男爵家本邸にあり、日中戦争中に神奈川県大磯の三井別邸に移され、1972（昭和47）年から現在地。如庵に限らず名席は流転している。

釜山海手水鉢（1979）

11 二条城二の丸庭園の石組（京都府京都市）

　徳川家康が京都に築いた二条城二の丸庭園（安土桃山時代）は、入り組んだ形の広い池のほとりに大きな青石（緑色片岩）と明るく黄ばんだチャートが多用され、石組は力強く華やかである。チャートと青石の形や色彩の対比が効果的である。洛中なので水の落差は大きくないが滝があり、滝石組には青石が用いられ、きれいな滝である。園内には高く架けられた長大な青石の橋もある。

　現在の御殿建築は庭園よりも後のものであるが、内部の狩野派の障壁画は豪華絢爛である。

　豊臣家の治世を終わらせた家康が、朝廷から征夷大将軍職に任ぜられる直前に築いた豪華な庭園である。最後の将軍徳川慶喜はこの城で大政奉還を表明した。

二条城庭園の石組（2000）

智積院庭園の石橋（京都府京都市）

12

　青石の橋と背景の関係が最もよろしいのは智積院の庭であろう。中国の廬山の景をあらわすという。量感のある刈込により山岳、水路により渓谷を表現し、青石の橋は薄く儚げであるが水面からの高さは絶妙で、実に存在感がある。植栽と水面だけのシンプルな背景に石橋がくっきりと浮かび上がるためである。

　青石は緑色片岩であり、片は板切れの意味。青石を橋桁に用いれば板状で、まさに適材である。青石の橋桁を架ける橋台の石の位置と高さの調整が施工上のポイントになる。

　智積院は真言宗智山派の総本山である。豊臣秀吉と対立して滅んだ紀州根来山の寺が、徳川家康から寺領を与えられ1598（慶長3）年に再興した。

智積院庭園の石橋（2001）

13 京都の川と石(京都府京都市・宇治市)

　京都の庭石は、地元の石と他所から運んだ青石の利用から始まった。京都盆地は川の中流域である。京都盆地の川という川から石が採られた。要するにありあわせの川石であった。それが京都銘石になり、明治以降東京・大阪などに出荷された。京都の庭は地元の石を上手に活用する技法を磨いたのであり、京の銘石さえあればよい庭ができるというものではない。

　現在の京都の川に庭石に使えるような大きさの石はもう見られないが、川原に降りて小石を観察すれば、京都の庭に使われている石と同質のものが見つかる。京都盆地周辺は古生層の地質が多く、堆積岩であるチャートや輝緑凝灰岩などの岩石がある。

　鴨川の石:賀茂川・加茂川とも書き京都盆地を北から南へ流れる。河川改修される前の鴨川は砂磯堆（砂州）が多く、しばしば氾濫した。鴨川の上流に貴船川、鞍馬川、高野川、白川、鹿ケ谷があり、そこから運ばれた石も混じる。チャートの「紅賀茂(べにかも)」、粘板岩の「鴨川真黒(まぐろ)」など銘石がある。

　高野川の石:京都盆地北部、鴨川の上流、八瀬の辺りに高野川(たかのがわ)が流れる。高野川の川床には比叡山系の石が見られ、花崗岩の白く丸い小石は「高野ごろた」、黒いホルンフェルスは「八瀬真黒(やせまぐろ)」と呼ばれる。

　鹿ケ谷の石:「鹿ケ谷真黒」は変成岩のホルンフェルスで、火成岩である花崗岩の貫入により熱変成作用を受けている。

　「高野ごろた」や「鹿ケ谷真黒」は京都の庭の延段や敷石などに使われてきた。ごろた石を使う延段は、石の直線的なところを探し、それを延段の縁(へり)に使い、内側は石の形の組み合わせと目地の線に工夫しながら、全体は平坦に美しく仕上げる。

　高瀬舟と庭石:高瀬川は開削された運河で北から南へ流れる。高瀬舟は主に荷物運搬用の船で、京の外港・伏見から京の二条河原町まで通船していた。荷を積んでさかのぼるには高瀬舟の舳先に綱を何本も付け、人足たちが高瀬川沿いに引いた。高瀬舟は米や薪炭など生活必需品を運んでいたが、庭石も運んだ。江戸初期の文献「京羽二重」や「雍州府志(ようしゅうふし)」に高瀬舟の京都の終着地点、二条河原町で各地の石を販売していたことが見える。

　保津川の石:「嵯峨大堰川石(さがおおいがわいし)」という名前が江戸時代初期の京都の地誌「雍州府志」に見える。大堰川とは嵐山より上流の保津川に当たり、石は主にチャートである。戦後しばらく保津川では庭石が採取されていたことが記録に残るが、今日庭石に使えるような石はほとんど見当たらない。保津川の下流は桂川。

　瀬田川の石:瀬田川は鴨川・桂川と淀で合流する。「瀬田真黒(まぐろ)」など。

石と造園100話

高野ごろた（1983）

高野川（1983）

鹿ケ谷（1983）

高野ごろたと鹿ケ谷真黒の敷石（1983）

保津川（1983）

瀬田川（1983）

14 海の青石・川の青石
（和歌山市・有田市・伊方町・神川町・藤岡市）

紀州青石：「紀伊御法度集」(1716 (享保 19) 年)の「石土切手之事」に『雑賀崎田之浦辺石』と記載された雑賀崎（和歌山県和歌山市）の海岸に、青石（緑色片岩）は今も見られる。商品価値のあった青石に、紀州徳川家は『石土切手』を与えた者にだけ採取を許していた。青石は海蝕により表面は、粗く凹凸があり、穴が開いていることもあり、ときにフジツボが付いている。海岸にあって波風にさらされる青石は、庭に長年据えられた青石よりも色が明るい。

雑賀崎は奥和歌浦と呼ばれる地域に当たり、瀬戸内海国立公園の一部に指定されている。瀬戸内海国立公園は、日本が国際連盟を脱退した翌年の1934 (昭和 9) 年に制定、日本初の国立公園のひとつである。日本の国立公園はその始まりから、国有地や公有地のほかに民有地を含む地域制の公園であり、この点は日本の創作であった。昭和初期の世界大恐慌の時代に、外国人観光客誘致が主目的で国立公園が指定されていった。

地ノ島（和歌山県有田市）は紀伊水道に浮かぶ無人島で、広い砂浜は夏には海水浴場となり、船便がある。昭和の枯山水の作家、重森三玲（⇒78）はこの島の青石を用いた。砂浜の奥に青石の転石が散在する。また海岸には海蝕で凹凸に富み、穴の開いている青石の岩壁が見られる。

雑賀崎の紀州青石の崖 (1988)　　雑賀崎の紀州青石の海蝕 (1988)

地ノ島の紀州青石
の海蝕（1981）

伊予青石にカモメ貝の甌穴（1989）

伊予青石：伊予青石には川石と海石がある。佐田岬（愛媛県伊方町）の三崎付近の海浜は一面、美しい青石の礫である。礫の表面はすべすべではなく、ややざらつく。大きい青石にカモメ貝の開けた穴が見える。佐田岬半島は瀬戸内海国立公園の一部。

三崎付近の伊予青石の
海浜（1989）

三波石：三波川最上流部（埼玉県神川町・群馬県藤岡市）は現在、天然記念物「三波石峡」として保護されている。三波石と呼ばれる青石の表面は水で磨かれて滑らかである。地質学では、日本列島を縦断する三波川変成帯の研究はこの地から始まった。青石は三波川変成帯に産する。山間部の石は出荷しにくかったため、三波石の庭石としての歴史は主に近代以降であるが、三波石峡より下流の石はほぼ取り尽くされた。

現在流通している三波石は、山から緑色片岩を採掘して庭石らしく丸み付け加工をしており表面は粗い。

京都の大徳寺大仙院の枯山水の青石は三波石ではないが、大仙院の「沈香石」に似た形の石を、三波石峡で見つけた。（⇒ 6）

三波石峡（1988）

三波石峡の「沈香石」に似た石（1988）

三波石峡の
三波石（1988）

粉河寺庭園の石組（和歌山県紀の川市） 15

　粉河寺は紀の川の中流域にある天台宗系の古刹である。文化財建築の数々を有する広大な境内は、山の傾斜地にあるのだが、本堂のある平地とその下の平地の間に横長の構図でたくさんの青石（緑色片岩）が組まれている。これらの石組は、土止めの役割を果たしつつ、豪快で変化に富み美しく、よく見れば鶴島・亀島に相当する石組もあり、見上げる高さに石橋も架かっている。特異なものであるが庭園の石組と言える。桃山時代から江戸時代初期にかけての作庭と見られている。

　この石組には大きな青石を用いているが、紀州は青石の産地である。三波川変成帯が紀伊半島を東西に貫いて、青石は紀の川沿いにも産する。

粉河寺庭園の石組（1981）

16 金地院枯山水の鶴島と亀島
（京都府京都市）

　江戸時代初期、黒衣の宰相と言われた金地院崇伝の寺で、作庭小堀遠州、庭師賢庭と記録が残る枯山水である。臨済宗南禅寺派、南禅寺の塔頭寺院。

　将軍家光の御成に備えて、庭の左右に絵画的な鶴と亀を石で描いた吉祥の庭である。格調高い石組で、しかも鶴と亀は動き出しそうに見える。

　鶴は首を左にすっと伸ばし、きりりと舞い上げた翼を、石で表現する。

　亀は大きな甲羅を持ち、右に前進しようと頭と手足を出す。築山右上の石の稜角を右に突きだすように据えたのが、動きを感じさせるポイントか。いずれも稜角のあるチャートを主体に青石（緑色片岩）なども使って組み、重厚な魅力がある。鶴と亀の間には大きな板石があり、金地院境内に徳川家康を祀る東照宮の遥拝石とされる。

　近代の日本人も相変わらず鶴亀は好きで、日比谷公園にも鶴の噴水と亀の噴水がある。（⇒51）

金地院枯山水　鶴島（1977）

金地院枯山水　亀島（1977）

上野東照宮　大石鳥居と参道敷石
（東京都台東区）

17

　江戸時代、徳川家康は神君として東照宮に祀られ、日光東照宮のほか各地に東照宮は祀られている。神仏習合の時代なので神号を東照大権現という。皇祖神・天照大神を意識した神号であろう。

　上野動物園の隣に藤堂高虎が創建した上野東照宮があり、金色に輝く社殿（重文）は 1651（慶安 4）年建立で、旧寛永寺山内であった。

　上野東照宮の明るい色の大石鳥居（重文）は柱に彫られた文字から備前（現岡山県）の花崗岩製で、1633（寛永 10）年に酒井雅楽頭（忠世）が寄進したものとわかる。当時の石材は船によって輸送されていた。

　大石鳥居は明神鳥居型で、最上段の水平部材である笠木・島木の石材は、長い材の加工技術が十分発達していない時代ゆえ、左右・中央の三つの部材に分けて加工し組み立て、左右の部材が片持梁として中央の梁部材を支えている。中央の部材は下の貫に立つ束にも支えられている。（⇒ 25）

　鳥居は元来が木造で、石造の鳥居は木造の形に忠実である。

　参道の敷石は、灰色の安山岩を重厚な正方形または三角形に加工、進行方向に 45°振っている。石材の寸法は均一である。参道の両脇には安山岩の石燈籠が並ぶ。（⇒ 60）

　大名庭園でも敷石は例外的にしかなく、明治時代の東京でも街路は舗装されていなかった。江戸時代から寺社境内の参道に敷石があったことは、いかに特別な空間として扱われていたかを示している。

上野東照宮　大鳥居（2015）

参道の敷石と石燈籠（2015）

18 旧芝離宮恩賜庭園の池と庭石
（東京都港区）

　離宮になったのは明治時代のことで、江戸時代には小田原藩大久保家の屋敷であった。浜松町の世界貿易センタービル（解体予定）の40階から庭園を俯瞰すると、池はさながら多島海のように見える。中島の護岸はもとより石であるが、中島の周辺の池中に数々の石を配して、その配置の妙に感じ入る。自然の海景をよく縮めて表現している。この池はかつて潮入りの池、つまり海水を引き込んでいた。池にはコイではなく、ボラが泳いでいたはず。

　中島に渡る一直線の西湖堤（⇒21）は灰色の安山岩の切石積みで、堤の中ほどに小ぶりの石橋が架かる中国趣味の施設である。庭全体に真鶴岬から伊豆方面の灰色の安山岩が多用されている。池の護岸には黒ぼく石（玄武岩）が、池畔の飛石には根府川石（安山岩）が使われている。これらは小田原方面の石材である。数少ない青石（緑色片岩）はちりばめるように配されている。

　江戸川と隅田川のデルタの下町と関東ローム層の山の手台地。江戸に石など取れるところは無い。江戸城の石垣の巨石は主に伊豆半島・真鶴岬方面から切り出して帆をかけた石船で運んだ灰色の安山岩である。江戸城の石垣に限らず、江戸の建設には土木材料として伊豆方面の安山岩が大量に必要とされた。東京に残る江戸時代の庭園には石橋、石燈籠など安山岩製の造園施設は数多い。

旧芝離宮恩賜庭園全景（1974）

旧芝離宮恩賜庭園の西湖堤（1987）

旧芝離宮恩賜庭園・根府川海岸　黒ぼく石
（東京都港区・神奈川県小田原市）

19

　旧芝離宮恩賜庭園の潮入りの池のほとりに黒ぼく石（玄武岩）が配されている。表面は黒くざらざらしているが、海岸にあって丸みを帯びた石で、海岸景に忠実ともいえる。

　昔は舟運が主要な運送手段であったから、川や海の景観に昔の人は現代人よりも親しんでいた。石を運搬する石船も各地にあった。

　箱根火山の活動による安山岩質溶岩からなる根府川付近の山地（神奈川県小田原市）、その海岸の黒ぼく石は玄武岩質溶岩で表面に気泡も多い。この付近の海岸の黒ぼく石は『磯朴石』として江戸時代から知られていた。

　一面の溶岩といえば浅間の鬼押し出しが有名であるが、陸上の溶岩とちがい、海岸の溶岩は波に洗われて丸みを帯び、庭石サイズになった転石もごろごろしている。海石は江戸に運搬しやすい重宝な庭石であった。

　黒くざらざらした海岸の玄武岩が潮入りの池の畔に庭石として使われた。海の景色を縮めて表すのに適した石材だったのである。

　黒ぼく石は近くで採れる根府川石（⇒ 56）と違い、関西方面に出荷されたことは無いようである。関西の庭には受け入れられなかったのであろう。

旧芝離宮恩賜庭園
池畔の黒ぼく石（1987）

根府川海岸　黒ぼく石（1982）

20 小石川後楽園・真鶴岬　海の石
（東京都文京区・神奈川県真鶴町）

　海岸の石がなぜここまで好きなのだろう。なぜそれを築山や円月橋周辺にまで使っているのだろう。水戸徳川家の小石川後楽園には表面に海蝕の特徴のある石が実に多い。海石を池畔に使うなら、池に海を象徴的に表すのにふさわしい技法である。（⇒19, 42）それが通天橋付近の岩山のような築山にも安山岩の海石の数々が配され、摩訶不思議な景色ができ上がっている。海石の形を活かし、猛々しい築山をつくりだすのに成功している。江戸初期に完成した水戸徳川家の小石川後楽園はその後改造されているので、現状が当初からのものかどうか定かではないが。

　複雑な形の庭石は江戸時代の障壁画にも描かれていたから、時代の好みであろうか。中国庭園の太湖石も海蝕で複雑な形になった石灰岩であった。

　真鶴岬の海岸で転石を観察すると、安山岩の海石のテクスチャーの特徴がよくわかる。表面は粗く、凹凸があり、ときに穴が開いている。海蝕で表面に凹凸や模様の多い石は、たしかに面白味がある。

　小石川後楽園は石を形で選ぶ造形本位の庭なのであろう。しかし、著者は築山の間に海石を見ると、磯の香や波の音を思い出してしまう。

　小石川後楽園には井戸がいくつもあった。台地と低地の境に庭園があり、よい湧水があったことだろう。茶の湯には「名水点」という点前があるほどで、水が吟味されたが、水戸徳川家のお殿様は園内の湧水がご自慢だったようである。「不老水」と名付けられた湧水はもう無いが、その井筒は海蝕の鮮やかな安山岩に丸い穴を穿ち現存する。真水の井戸になぜ海石を使うのだろう。海蝕が鮮やかで、水を連想させるからであろうか。（⇒10）

小石川後楽園・不老水（2015）

真鶴岬の磯の石（1998）

小石川後楽園・通天橋付近（2015）

真鶴岬の磯の石（1998）

真鶴岬の磯の石（1998）

21 小石川後楽園の円月橋（東京都文京区）

　小石川後楽園は水戸徳川家藩邸の庭園で、二代光圀が完成させた。円月橋という中国式石造アーチ橋だけでも大変な文化財で、アーチの半円が流水に映ると円い月に見えるという橋の名である。高欄（橋の手すり）の彫刻にも感じ入る。明の亡命儒者・朱舜水の設計指導による。

　石材は灰色の安山岩で、江戸城の石垣と同じ石質である。近年解体修理されたが、石材の隙間に樹木の根が入り込んで石を緩めたためであった。

　徳川光圀は朱舜水の学識に影響を受けて「大日本史」編纂の方針も定めたという。小石川後楽園は中国文化の影響を受け、円月橋以外にも西湖堤（⇒18）など園内のさまざまな庭園施設にそれが具現化されている。

　江戸時代は庭園の周囲に広く水戸徳川家の藩邸が広がっていた。儒教の影響を受けた皇国史観による「大日本史」の編纂事業は明治時代まで続き、その学問は水戸学と呼ばれ、幕末の尊王攘夷運動にも大きな影響を与えた。

　近代には小石川後楽園周囲の藩邸跡に軍の工廠が建設され、太平洋戦争末期、それが空襲・爆撃され数々の庭園建築が焼失した。

小石川後楽園　円月橋（2015）

小石川後楽園の敷石（東京都文京区） 22

　小石川後楽園は山の手台地と低地の境目に敷地が広がっている。園内でも主に山道に相当するところに敷石がある。
　寺社の参道には古くから敷石があったが、小石川後楽園のような大名庭園の園路が石で舗装されていることは珍しい。
　起伏のある山道の敷石であるから、まずは足元の安全という実用のため設けられたのであろう。しかし、使われている石材が、切石とごろた石の組み合わせになっており、灰色の安山岩の切石を組み合わせたデザインがまたユニークで、現代的にさえ見える。切石は大きく、そのすき間にごろた石を詰めている。灰色の安山岩の切石とは言っても、何かの石材加工の端切れを有効利用しているようにも見える。

小石川後楽園の敷石（2012）

23 小石川後楽園・真鶴岬　石の矢跡
（東京都文京区・神奈川県真鶴町）

　直線状の短いくぼみが平行に何本か刻まれた安山岩の庭石が、小石川後楽園にはあちこちに用いられている。このくぼみは石切場で石を割るために打ち込まれた矢（wedge）の跡である。矢跡をことさら目立たせようとするような石の使い方ではない。これら矢跡のある石は丸いとは言えないが、ある程度角が取れている。小石川後楽園にはよい庭石が多く、矢跡のある石をなぜ、と著者も考えた。しかし橋挟みの石、つまり石橋を庭になじませるため橋の両岸左右に置く役石、に使われている例もあり、作庭者に気に入られた石だったのであろう。人工的に割った石が風化して自然の野面石になる途中の状態をよしとしたことになる。

　江戸城をはじめ江戸の街の建設には伊豆方面の安山岩が用いられ、石切場は伊豆、真鶴の海岸に多かった。トラック輸送など無い時代、石は海路江戸まで運ばれた。城石垣の石に矢跡があるのは珍しくない。切り出された石は人工的に割っているから角張っている。切り出されてから何らかの理由で海に落ちた石が波にもまれて角が取れた後、庭に運ばれたのであろう。伊豆方面の石を小石川後楽園に運んだことは記録に残っている。

〈わが立てる真鶴崎が二つにす相模の海と伊豆の白波〉与謝野晶子

　真鶴岬の先端にこの歌碑がある。岬の磯には波に洗われて丸みをおびた安山岩がごろごろ打ち寄せられている。なかには石切場で使う矢跡のある石が混じっている。小石川後楽園にある矢跡のある庭石も、伊豆・真鶴方面の海岸から運ばれたと推定される。

真鶴岬の磯の石に矢跡（2001）

小石川後楽園・石橋の対岸右に立つ石に矢跡 (2015)

真鶴岬の磯の石に矢跡 (2001)

24 小石川後楽園・新宿御苑　礫岩の庭石
（東京都文京区・新宿区）

　小石川後楽園と新宿御苑には、礫岩の庭石が目につきやすい場所にある。
　礫岩は小石が堆積してできた岩石であるが、昔は不思議なものとされ、尊重されたようである。
　1712（正徳 2）年の「和漢三才図会」の『水中の細石（和名佐々礼以之）』の解説は、一つのところにじっとわだかまって大きくなり岩になるとし、次の古歌が引用されている。
〈君が代は千代に八千代にさざれ石のいはほとなりて苔のむすまで〉
「君が代」とは天皇の治世の意味とされることが多い。
　礫岩の庭石は、「さざれ石」に因むのではあるまいか。
　小石川後楽園には、通天橋を渡り得仁堂（古代中国の隠者の兄弟で儒教の聖人を祀る）に至る園路脇ほか一箇所に礫岩の庭石がある。珍しい形で明るい色だが、風化したコンクリートのようにも見え、美しい石とは言い難い。小石川後楽園を整備した徳川光圀は、天皇中心の日本史、「大日本史」編纂を開始、水戸藩の大事業として末代まで継続した。日本の国柄は本来、中心にいるのは将軍ではなく天皇であり、儒教的な枠組みで日本創世記の天照大神（⇒1）の祭祀も説明しようとしていた。

小石川後楽園・通天橋付近の礫岩（右端）（2015）

新宿御苑には、日本庭園・上の池の、橋を渡った中の島の園路脇に礫岩の庭石がある。水で磨かれた形は上の池の庭石の中でも良いものである。新宿御苑は明治末に皇室の御苑として、今日見る姿に整備された。(⇒ 56)「君が代」は旋律を付けられ、近代日本の国歌になった。

　『水中の細石』のイメージから、小石川後楽園と新宿御苑の礫岩の庭石が橋の近く、つまり水に近いところにあるのではないか。

　今日「さざれ石」と称して、文部科学省庁舎や各地の神社には、前述の庭石よりも白くて立派に見える角礫岩がある。

新宿御苑・上の池・中の島の礫岩（右端）(2015)

新宿御苑・上の池・中の島の礫岩 (2015)

25 小石川後楽園内庭　石橋と石積み（東京都文京区）

　小石川後楽園の内庭は凛とした雰囲気の漂う武家の庭である。小石川後楽園とは、唐門（戦災で焼失）で区切られていた別の庭園であった。

　灰色の安山岩は江戸城（現皇居）の石垣の構築に使われたが、その石材がこの庭でも橋や石積みに使われている。美しい反りのある石橋であるが、橋桁の石材加工はユニークである。橋桁は二列で、各列三つの部材で構成し、両岸の橋台に長く伸びた二つの部材が片持梁として中央の梁部材を支えている。（⇒ 17）

　両岸の片持ち梁の部材は、石積みのところで橋桁が終わっているかのような表面加工をしている。

　小さな突堤のような橋台の石積みは、当時の都市の本格的な木造橋の橋台の造り方と同様で、石の積み方は鋭く美しい。

小石川後楽園内庭・石橋と石積み（2012）

銀閣寺庭園の向月台・銀砂灘
（京都府京都市）

26

　慈照寺（銀閣寺）は室町幕府の将軍・足利義政の東山山荘に始まる。
　その庭園に盛砂があり、形と文様が維持され、「向月台」・「銀砂灘」と呼ばれる。盛砂の白砂は京都御所や枯山水のように粗粒ではなく、銀閣寺の池に堆積した砂を浚渫したのが起源であろう。天然の白砂の粒径に近い最も細粒の白川砂（花崗岩）を使っている。（⇒5）
　盛砂は室町時代からではなく、寺院になってから江戸時代に設けられ、いまは庭の景色になじんでいる。盛砂は乾いても崩れないが、降雨で表面が崩れる。雨後は表面を板で叩いて仕上げ直して維持している。
　京都の盛砂の起源は門前に白砂を貯え、賓客の来訪の際それを敷き広げて新鮮な清浄感を演出するためであった。日本庭園に更新（リフレッシュ）の美の要素があることは、今日忘れられがちである。慈照寺は臨済宗相国寺派の寺院、義政没後の1490（延徳2）年創建。世界文化遺産。

銀閣寺庭園の向月台・銀砂灘（1979）

27　兼六園　穴太と戸室石（石川県金沢市）

　金沢は加賀藩前田家百万石の城下町であった。明治時代から陸軍の師団のある軍都であったが、いちども戦災に遭っていない。旧金沢城に隣接して兼六園があり、市街を一望する小高い丘にある。兼六園は加賀藩十二代藩主前田斉広が着工、十三代斉泰が完成させた 19 世紀の庭である。日本三名園のうち太平洋戦争の戦災に遭っていないのは兼六園だけで、偕楽園と岡山後楽園は空襲で文化財建築を焼失した（戦後再建）。

　兼六園には石組が少ない。石橋・石の塔その他石造物と胴割石積みで構成されている庭である。戦国時代、各地の城石垣の普請をして穴太衆と呼ばれた石工の集団により、金沢城石垣は築造された。兼六園の石造物も穴太による作品で、兼六園は穴太の庭という一面がある。

　兼六園の南側に江戸時代から一直線の道があり、「石引」道という。築城のため戸室山から切り出した戸室石（安山岩）の運搬用であった。その道沿いに犀川から辰巳用水を開削して兼六園に導水した。小高い丘の上に自然に池があるはずがない。兼六園はあるはずのない景を巧みに造った。

　金沢では古い墓石は赤戸室で、墓地に赤が鮮やかである。戸室石には赤と青があり、青は希少である。（⇒ 35）

　戸室石は近代にも中央では知られず、金沢周辺でしか使われない地方的な石材であった。金沢市街の南東に戸室山の石切場があり、近くには竹久夢二ゆかりの湯湧温泉がある。現在も北袋というところで戸室石は露天掘りされている。他の地域に出荷されず資源が今日まで残ったともいえよう。戸室石は塊状に産出し、それが積み上げられている。旧金沢城跡を公園として再整備するなど、江戸時代の金沢の復元に欠かせない石材である。

　とはいえ、湯湧温泉のまちの住民に、環境問題の見地から石切場に反対の声もあり、現代の石材産業はここに限らず難しい局面を迎えている。

兼六園・虹橋・赤戸室（2000）

兼六園・さざえ山の三重塔・青戸室と赤戸室（2004）

金沢市内北袋の戸室石の石切場（2008）

28 兼六園の雁行橋（石川県金沢市）

　亀甲型の石を積むのは最高級の石積みで、金沢市内の随所に見られるが、兼六園の雁行橋は赤戸室（安山岩）の亀甲型の板石を、水平方向に雁が連なって飛ぶような形に配置し、他に類を見ない造形的な石橋である。雁行橋の辺りは曲水の幅が広く、流れは浅くさざ波が立つ。

　園内から雁行橋の向うに市街が眺望できる。かつて浅野川の畔には美しい松並木が見えたものだが、今そこにマンションが立ち並ぶ。旅行キャンペーン『ディスカバージャパン』のころ、1972（昭和47）年の映画「男はつらいよ　柴又慕情」で寅さんとマドンナが出会った金沢は、町屋の低い家並みだけが広がっていた。

　金沢のまちには、敷石や石積みなどあちこちに赤戸室が使われ、景観のアクセントになっている。

兼六園の雁行橋（2005）

兼六園の翠滝（石川県金沢市）

　明治期まで兼六園を代表する景色とされたのは、翠滝であった。滝の水の左方に大きな石を組んでいるが、胴割石による岩壁のような石積みが落差の大きな幅広の滝を造り出して効果的であり、落水に打たれる石の配置も巧みである。縮景の技法といえるもので、雄大な滝を表現している。滝の背後は園内の池からそこだけ一直線の水路があり、急流になって流れ落ちる。

　人工の滝を造ることが技術的に困難でなくなった現代では、琴柱燈籠と石橋のある池畔が兼六園を代表する景色とみなされるようになった。庭園内の評価される場所も時代と共に変わるのである。

　先年翠滝の隣に陳腐なあずまやが設けられたので、翠滝の実寸は容易にわかってしまう。これは兼六園の景観の破壊である。

兼六園の翠滝（2004）

30 金沢の胴割石積みと犀川・浅野川の玉石
（石川県金沢市）

　金沢の兼六園や尾山神社の庭には胴割石積みが用いられている。兼六園は気を付けてみれば、胴割石積みだらけと言ってもよいほどであるが、胴割石積みは水路の護岸などに比較的目立たない使い方をされている。

　金沢市内では用水路の護岸や築地塀など、現代に至るまで胴割石積みが多い。築地塀の石積みが街路側は亀甲積み、宅地側は胴割石積みになっている例を見れば、亀甲積みは正格でいわば『真』、胴割石積みはやや崩した形の『行』ということになろう。胴割石は玉石の長手を半分に割った石材で、割肌を正面に見せて積み、一般の玉石積みよりもひと手間多い。にもかかわらず胴割石積みは金沢の旧市街に遍在し、その繊細な工芸的ともいえる仕上がりで、市内の景観に特色と統一感を与えている。（⇒ 100）

　胴割石にする玉石は、昔は金沢の旧城下町の川から容易に得られた。

　金沢市は海岸までの広域になったが、旧城下町は犀川と浅野川の中流域、金沢城を中心に半径 2km の範囲であった。〈ふるさとは遠きにありて思ふもの……〉で知られる詩人・室生犀星は故郷金沢を生涯愛しみ、関東大震災直後は東京から金沢に戻り、犀川の近くに数年暮らした。「故郷を辞す」には川漁師がそこで採れたての鮎や鮭を売りに来る情景を描き、川原に石が多いことが知られる。犀星自身庭をつくり、頼んで川岸の石を運び加工したことなど、詩情豊かに描いた。

　旧城下町でときに氾濫した犀川・浅野川は改修されて川底は深くなり、往時の鮎が泳ぐ風情は無いが、市街地から上流に歩けば浅い川底に玉石の多い様子が見える。それら玉石はかつて胴割石に加工されたのであった。金沢で胴割石に使う玉石はその後、石川県の手取川や富山県の常願寺川に求められるようになった。

兼六園　胴割石積み（2005）

大野庄用水　胴割石積み（2000）

犀川上流・末町付近（2001）

31 兼六園　曲水の底の玉石（石川県金沢市）

　兼六園の『曲水』は犀川から引いた辰巳用水が流れ、季節にカキツバタが咲く美しい水辺である。澄んだ曲水の底に粒ぞろいの玉石が敷き詰められているのが見える。

　曲水は緩傾斜、流れはゆっくりで玉石には泥も付き、曲水は浅く、底に日が射し込むので玉石には苔も付く。

　兼六園では定期的に、玉石の苔や泥を取り除くため、曲水の水を止め、玉石をざるに入れ一個一個たわしで手入れをする。

　これは現在では著名な観光施設であればこその、ぜいたくな維持管理法であろう。でも加賀百万石のお殿様の時代も、そうしていたのだろう。

兼六園　曲水の底の玉石（2005）

兼六園　曲水の玉石の手入れ（2000）

金沢の坪庭　石燈籠の障子
（石川県金沢市）　32

　金沢ひがし茶屋街のお茶屋「志摩」（重文）は1820（文政3）年築の姿を留め、その坪庭に石燈籠（花崗岩）があり、坪庭によく見る構成だが、石燈籠の火袋に障子をはめてある。石燈籠に障子はいまどき珍しい。

　石燈籠は元来夜間照明施設、火を灯していたから、風で火が消えないように障子が必要であった。石燈籠の火袋の火口には障子をはめ込むための縁が刻まれている。石燈籠に火を灯すことがあまり無くなった現在、火袋の障子は造園の世界でも忘れ去られようとしている。

　幕末の「築山庭造伝後編」の石燈籠の図は火袋に障子が描かれている。歌舞伎の舞台は、背景の書割の庭園に石燈籠があれば火袋に障子が描かれ、はりぼての石燈籠にも障子がある。英国人の建築家ジョサイア・コンドルの1912（明治45）年の著書 "Landscape Gardening in Japan" は日本各地の庭園の写真が豊富で、石燈籠も数多く写っているが、すでに石燈籠の障子はあったり、無かったりであった。

　古い日本庭園の石燈籠に障子がはめられると、本来の姿の復元なのだが。

「志摩」の坪庭　石燈籠の灯りと障子（2004）

33 七里御浜　那智黒・那智白
（三重県熊野市）

　那智黒と那智白は造園用の砂利として使われている場所も多い。丸くてすべすべの典型的な『綺麗な石ころ』である。江戸時代にはすでに各地に出荷されていた。現在の皇居宮殿に一面那智白だけの中庭がある。

　那智の地名を冠するが、実際は三重県の熊野灘に面した七里御浜海岸で、那智黒（粘板岩）と那智白（流紋岩）の砂利は、きびしい制限のもと採取される。七里御浜の礫の原石は熊野川から熊野灘に流れ出て浜に打ち寄せられる。熊野川流域のさまざまな岩石が運ばれて来るので、黒・白の礫だけ海浜にまとまっているわけではなく、さまざまな色の礫が堆積している。七里御浜で婦人たちが黒または白を一粒ずつ手で拾う。同じ体積を集めるなら小粒ほど手間がかかり、高価になる。手拾いした礫を粒径をそろえて商品にする。

　七里御浜は、二・二六事件、メーデー禁止、軍事予算のため税制改革があった1936（昭和11）年に制定された吉野熊野国立公園の一部である。吉野は南北朝時代の後醍醐天皇と忠臣たちの物語として近代の教科書に載った「太平記」の舞台、熊野は後白河上皇や後鳥羽上皇も度々詣でた霊場・熊野三山がある。七里御浜は、2004（平成16）年に世界文化遺産に登録された熊野古道の伊勢路の一部でもある。(⇒ 76)

　近年は同じ商品名で外国産の砂利の流通が増えているが、国産は大事にしたい。

七里御浜の礫の採取状況 (1978)

那智黒 (1990)

那智白 (1990)

34 大橋家住宅の沓脱石（岡山県倉敷市）

なつかしくうらやましい光景である。

木造家屋、縁側、夏の微風にゆれる簾、形のよい沓脱石、打ち水された庭、草の葉のみずみずしさ……家屋の内部空間と庭の外部空間が連続した日本の住まいの原風景といえる。ゆたかな暮らしの反映である。

沓脱石は家屋と庭の接点の役割を果たしている。沓脱石と二番石の色彩とテクスチャーの対比が面白く、二番石は天端の平坦さと側面の荒々しさの対比がよい。

塩田を開発した倉敷の大地主・大橋家の住宅（重文）は寛政年間（18世紀末）に建てられた。庭も見どころが多い。

大橋家住宅の沓脱石（2001）

江戸時代の庭石の記事と『庭園』の熟語

　江戸時代に『庭園』の熟語が使われている書物は少なく、「雍州府志」(1684（貞亨元）年）と「和漢三才図会」(1713（正徳3）年）に『庭園』の熟語があるのを著者が見出し、造園界に知られることになった。

　「雍州府志」は医師出身の歴史家・黒川道祐による京都の詳細な地誌であり、「和漢三才図会」は大阪の医師・寺島良安による日本と中国の事物に関する膨大な百科事典である。いずれも漢文の書物で原著は木版印刷であるが、現代の活版印刷本があり、現代語訳された本もよく読まれている。「和漢三才図会」の方がより広く読まれ、今日でも引用されることがある。いずれにも名園などを解説した記事があるが、庭のところではなく、庭石を解説した記事に『庭園』の熟語は出てくる。

　「雍州府志」では「土産門土石部」に京都の各所で採れる石の解説があり、そこに『庭園』の熟語が二箇所に見える。北白川の白石の用途や白砂のこと、北白川山・浄土寺山・鹿ケ谷の平らで浅紫色の石を『庭園』に置くこと、仮山のこと、庭作（にわつくり）という職能、露地などが記述されている。

　「和漢三才図会」では「巻五十九」に日本各地で採れる石の解説があり、相州根府川石（⇒ 18,19,56）の箇所に『仮山庭園（つきやまていえん）』に用い、京都では高価とある。御影石、豊島石、伊豆石のことも書かれている。

　庭石が商品として流通し、世上の関心もあったからこそ地誌や百科事典に記載されたのである。石は庭園に不可欠の要素として、富裕な知識層に認識されていた証であろう。

　本書表見返しの「雍州府志」（『庭園』の熟語が一箇所）と裏見返しの「和漢三才図会」（『仮山庭園』の熟語が一箇所）の頁は、いずれも京都府立総合資料館が所蔵する木版印刷本から複写（縮小）したもので、原著を見る機会は少ないと思い掲載した。

35 尾山神社の戸室石製施設（石川県金沢市）

　戸室石は金沢城石垣や兼六園の石造物に使われてきた。（⇒27）金沢は江戸時代の日本では稀有な、戸室石の加工石材による配色の文化を持った。

　尾山神社は1873（明治6）年に金沢に創建され祭神は加賀藩の初代藩主前田利家である。社格は別格官幣社とされた。1875（明治8）年に擬洋風の神門（重文）が建ち、神門・石段・敷石に地元の戸室石（安山岩）の赤と青を使った。さまざまな施設の石材を統一し、総合的空間づくりを行った近代の神社である。

　江戸時代には徳川家康が東照宮に神として祀られた。とにかく徳川家康が神君であった。明治になって神道が国の宗教になり、廃藩置県後に旧藩の藩祖を祀る大きな神社が各地に創建された。仙台の青葉神社（祭神：伊達正宗）、米沢の上杉神社（祭神：上杉謙信）など、近代の創建である。

尾山神社　神門下の敷石に赤戸室・青戸室（2004）

尾山神社　神門に赤戸室・青戸室（2004）

尾山神社「楽器の庭」の石
（石川県金沢市）

36

　尾山神社の境内に「楽器の庭」と呼ばれる庭がある。池の畔に雅楽の琴、琵琶、笙の楽器を具象的に表した庭である。完成度はともかく、神社らしく面白い造り方である。笙は長さの異なる細い竹管を立て並べ束ねた吹奏楽器であるが、この庭の笙の表現は、先細りに加工した円柱状の石で竹管を表し横に寝かせている。

　笙は現代に活きており、神社での雅楽はもとより、蜷川幸男演出のギリシャ悲劇「オイディプス王」では、東儀秀樹音楽、野村萬斎主演で、神官たちの笙の迫力ある合奏があった。

　「楽器の庭」の池に沢渡りの石があり、大きな玉石（安山岩）の表面を目立たぬように平坦に加工している。この加工の仕方は心憎い。

　池にミズバショウやリュウキンカが咲くのを見れば、やはり北国である。

尾山神社「楽器の庭」の石の笙（2004）

尾山神社「楽器の庭」の沢渡り石（2004）

37 上野東照宮の不忍池側参道：近代の上野公園入口（東京都文京区）

　上野東照宮の不忍池側参道の石段と石鳥居は江戸時代からあるが、近代の上野公園の入口のひとつであった。

　上野公園の敷地は、江戸時代は全域が寛永寺境内。江戸城が無血開城した後も、寛永寺には旧幕臣の彰義隊が駐屯し、薩摩・長州・土佐・肥前を中心とする新政府軍は彰義隊掃討のため、本郷から不忍池越しに寛永寺を砲撃、伽藍は炎上した（上野戦争）。上野東照宮は寛永寺の山内であったが、焼けずに残り明治初年に神仏分離。旧寛永寺の敷地は皇室の御料地となり1876（明治9）年に太政官布達により上野公園、1924（大正13）年に皇室から東京市に賜り、正式には上野恩賜公園という。

　1877（明治10）年の上野公園における内国勧業博覧会のにぎわいを描いた版画に洋風の博覧会場が描かれ、公園が洋風になる始まりかも知れない。しかし版画の公園内に寛永寺以来の大仏や東照宮と不忍池側参道の石鳥居と石段が見える。花崗岩の明神鳥居と安山岩の石段は現存する。

　石段の幅は一定だが、踏面（ふみづら）の奥行きは2:1:2:1と広狭を繰り返している（⇒59）。石段の石材は奥行き・高さは均一ながら、長さは不均一であるが、石材の規格化と言える。ノミ切り仕上げだったと見られる石段の踏面は磨耗している。鳥居の前に石段と直角に長方形の大きな石が並ぶのは、その下に水路があったからである。大正時代には「上野東照宮下」という路面電車の停車場があった。

　寛永寺はいま上野公園の北にあり、徳川将軍家墓所がある。太平洋戦争後、政教分離により上野公園内の寺社の敷地は、清水観音堂（重文）や不忍池弁天堂は寛永寺に復帰、上野東照宮も公園ではなくなったが、五重塔（重文）は動物園内に留まった。

明治10年の内国勧業博覧の版画に上野東照宮と不忍池側参道
「こんなに面白い上野公園」より

上野東照宮の不忍池側参道（2015）

38 上野東照宮　磨いた根府川石の碑
（東京都文京区）

　「重建石燈碑」は1876（明治9）年、上野東照宮に有志が石燈籠25基を奉納した記念の石碑である。明治になっても、上野公園内の徳川家康を祀る東照宮への崇敬は、江戸っ子の間で衰えていなかった。

　「重建石燈碑」は根府川石製である。根府川石（安山岩）は江戸時代から飛石に、大きなものは石碑や石橋に使われていた。板状節理があって割り採ったときから板石で、平坦面をそのまま活かして使う。（⇒ 56）

　ところがこの石碑はかすかに波打つ平坦面を磨き、文字を陽刻と陰刻にし、側面は割肌、テクスチャーの対比効果は絶妙、なんともチャーミングである。この碑の製作者は根府川石に惚れ込んでいたに違いない。現代では、磨いた面と粗面を対比的に見せる石材加工は造園でもしばしば見られるが、明治初期には稀である。

　この当時の東京は江戸時代よりも人口が著しく減っていた。大名屋敷は取り壊され、大名の家臣たちは国元へ帰っていた。上野公園の北東は農村のままで、不忍池の西の本郷は「文部省用地」と「陸軍省用地」であった。

重建石燈碑（2015）

靖国神社　華族の石燈籠
（東京都千代田区）
39

　日比谷公園よりも前、明治の東京に出現した擬洋風の広場は靖国神社の境内であった。戊辰戦争を指揮し、境内を現在地に選定した旧長州藩出身の大村益次郎の銅像が1892（明治25）年に建立され、その周囲に柵で仕切られた楕円形の馬場で競馬が行われた。銅像も競馬も西洋の文化である。しかし馬場の内側の空地には多数の石燈籠が二列に並んでいた。

　配置は変わったが、その御影石（花崗岩）製の石燈籠は現存する。江戸の寺社の献灯は灰色の安山岩製の石燈籠が多く、それに比べ高級感があったはずである。石燈籠に『華族』と大きく彫り込んである。1877（明治10）年の九州における西郷隆盛を盟主とする士族の反乱・西南戦争の、明治政府側の戦没者を悼み、1878（明治11）年に華族一同が奉納した。華族とは、旧公卿や旧大名諸侯および維新の功労者であった。つまり江戸時代の高位の公家と大名の殿様は、近代になっても特権階級の貴族のままであった。華族たちは政策的に東京に居住した。自らを『華族』と彫り込むというのは貴族育ちならでは、と著者は思う。鹿鳴館開館の翌年1884（明治17）年に華族令が制定され、公・侯・伯・子・男の五爵となった。

　近代の日本は祭政一致であった。靖国神社は1869（明治2）年、明治維新の天皇側の殉難者たちを合祀した東京招魂社に始まり、1879（明治12）年に靖国神社と改称、社格は別格官幣社として内務・陸軍・海軍三省が管轄し、対外戦争の幾万の戦没者を合祀していった。天皇に忠誠を尽くし戦没した臣民を神として祀る、それまでに無い形であり、天皇・皇后も参拝した。国と天皇と軍と神社が結び付けられたのである。靖国神社の社殿と鳥居は伊勢神宮の様式である神明造（⇒1）で、境内は江戸・東京で空前の広大さであった。

　京都に無鄰菴を所有した軍人・政治家の山縣有朋は旧長州藩出身で、1871（明治4）年の例大祭で、兵部大輔として祭主を務めている。（⇒48）

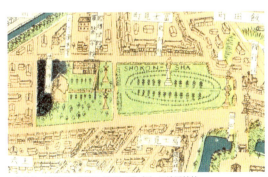

「東京一目新図」（1897（明治30）年）の靖国神社

靖国神社参道の華族の石燈籠 (2009)

華族の石燈籠 (2009)

石燈籠に「華族」(2009)

清澄庭園の磯渡り石（東京都江東区）

　清澄庭園は、近代日本の経済発展に貢献し三菱財閥を築いた岩崎家が、1891（明治24）年に竣工した「深川親睦園」に始まる。この池泉回遊式の庭には銘石の種類と数が多い。『磯渡り』（『沢渡り』を清澄庭園はこう呼ぶ）の石をはじめ園内の青石（緑色片岩）の数と大きさは江戸の大名庭園をしのいでいる。磯渡りは石の水面下にコンクリート基礎を設け、日本庭園の技術革新といえるが、庭園の隣には日本最初のセメント工場があった。

　この庭は各地の銘石を単独で据え、石そのものを鑑賞の対象にしているものがある。池は墨田川から東に伸びた運河の水が引き込まれていたが、水は汽水で、汐入りの池と呼ばれる。1923（大正12）年の関東大震災で江東地区に大火が発生したとき、この池が多くの人命を救った。震災後、岩崎家は荒廃の少なかった東半分だけの庭を、東京市に寄付した。（⇒ 66）

清澄庭園の磯渡り（1987）

41 清澄庭園の滝石組（東京都江東区）

　清澄庭園の池の畔の築山の裾に大きな青石（緑色片岩）の滝石組がある。池の水は隅田川に通じる運河から引き込まれていた。滝は水を落としたいところだが、池は運河の水位であり、汲み上げなければ滝に使えない。この庭は池に本物の水、滝は枯山水の技法で象徴的に水を表すという折衷的な造り方をした。この築山と滝石組を中心とする景色は、対岸の大正記念館（岩崎家時代はもっと広い和館）方向から眺めると、江戸時代の「築山庭造伝後編」の『真の築山』の型になる。型に近づけるため工夫をした。

　対岸から眺められ、滝石組の下を人が歩くことを考えれば、青石は大きなものになる。主石は粗面の海石、左の添石は側面にカモメ貝の甌穴のある海石、右の添石は表面の滑らかな川石である。石組を近くで見るためのテクスチャーの統一よりも、遠目のプロポーションを優先したのである。

　この滝石組の枯山水の川は小石を立て並べて表し、『富士川』と呼んでいた。その上流に相当する築山は『富士山』という。J. コンドルは当時できたてのこの庭園を著書 "Landscape Gardening in Japan" でていねいに紹介したが、園内の自作の洋館には触れていない。

清澄庭園の
青石の滝石組（2003）

石と造園 100 話

左の添石　側面にカモメ貝の噛穴がある
（2015）

右の添石　丸みを帯び光沢がある（2015）

42 清澄庭園　池畔の磯石（東京都江東区）

　清澄庭園は灰色の安山岩の磯石（海石）を池畔に使い、表面に海蝕のある石の自然な魅力を存分に引き出している。特に大正記念館の南東側の池畔でその技法が優れている。現在は真水の池であるが、かつては隅田川の汽水を引き込んでいたことと考え合わせると、海の縮景の技法として完成度が高い。（⇒ 19，20）

　清澄庭園にも海石を築山のほとりや園路脇に一石ずつ配して飾るような例も少なくない。しかし清澄庭園の最大の見どころの一つは、池畔の磯石による石組であろう。

清澄庭園　池畔の磯石（2015）

清澄庭園　池畔の船着き石
（東京都江東区）

43

　岩崎家は旧土佐藩の出身で、坂本龍馬の海援隊の後継の位置にあった。明治政府のもと、海運業のみならず軍需産業にも関わった。日清戦争後の明治29（1896）年、岩崎久弥と弥之助は経済発展の功により男爵に叙せられている。(⇒ 45)

　清澄庭園の池に船着き石があり、井内石（粘板岩）の大材である。井内石は宮城県石巻の井内で採れ、戦没者慰霊碑の銘石にもなった。仙台石とも呼ばれる。(⇒ 49, 54, 64)

　三島由紀夫の小説「春の雪」は日露戦争後の日本の華族の青年を描き、松枝侯爵家庭園の描写は的確で見事である。主人公松枝清顕が庭の池で、友人の本多とボートに乗る。『結局二人は船附へ下りて、ボートの纜（ともづな）を解いた。見渡す池の水面は、半ば色づいた紅葉山を映して燃えている。……本多はオールを岸の岩組に突いて、ボートをひろい水面へ遣（や）った。』清澄庭園でもそんな舟遊びが行われたであろうか。

　池畔の涼亭（水上のあずまや）は日露戦争後の1909（明治42）年、同盟国・英国陸軍キッチナー元帥の来園に際しての建築であった。

清澄庭園　池畔の船着き石（2015）

44 清澄庭園　富士山の石（東京都江東区）

　著者が子供のころ、東京の下町から東京タワーと富士山が並んで見えた。江戸の町では富士山は重要なランドマークであった。江戸市中は富士山への信仰が篤く、富士講は盛んであり、浅間神社が何社もあり、富士山の石を積んだ富士塚も数々あった。1891（明治24）年に竣工した「深川親睦園」の『富士山』と呼ばれる築山の山頂部が、富士山の石（玄武岩）で築造されたのは、その伝統の延長線上にはあろう。しかし信仰から離れて、黒くざらざらした玄武岩は美しいとは言い難い。現在の清澄庭園は常緑広葉樹が高く伸び『富士山』も木陰にあるが、それは周囲の高層化した建築の目隠し用で、開園当初の『富士山』は庭園内外からひときわ高く見えた。

　J. コンドルの著書 "Landscape Gardening in Japan" の写真では、当初の『富士山』は、むしろ異形の築山であった。1891年は英国人ウォルター・ウェストン（後に著書で日本アルプスを西洋に初めて紹介した宣教師）が富士山に冬季登山した。富士山だけは来日した西洋人も賞嘆したので、明治の日本人のナショナリズムをくすぐっていた。西洋人と接する機会の多かった旧土佐藩出身の岩崎家が、庭園に富士山の石を使ったのは、庭石としての新たな価値評価で、ナショナリズムの反映でもあったろう。（⇒ 97）

清澄庭園の築山『富士山』　山頂部に富士山の石（2013）

旧岩崎邸庭園　坂道の玉石積み
（東京都文京区）　45

　旧岩崎邸庭園の重厚なれんが塀（重文）の南側に入口があり、洋館に至る邸内の坂道に沿って石積みがある。この坂道は馬車、人力車を考慮したものであろう。石積みは明るい色の大ぶりな玉石（花崗岩）を用いている。一見大きさの不揃いな素朴な玉石積みであるが、なぜかきれいである。よく見ると石積みの断面は反りがあって天端がややせり出し、石と石の合端に目立たぬよう切欠きを施し隙間なく積み上げている。あらかじめ決まった形状に加工した石材による切石積みよりも、手間のかかる積み方である。

　後に日比谷公園ができたとき、雲形池からの曲線の水路の玉石積みは、石は小さいが基本的に同様の加工方法であった。（⇒ 51）

　旧岩崎邸外周のれんが塀の基礎の安山岩の石積みは、ややくずした亀甲積みで、こちらをイメージとして外向きで正格の『真』としたら、邸内で坂道の玉石積みはやや崩した形の『行』であろうか。

旧岩崎邸庭園　撞球場付近玉石積み（2015）

旧岩崎邸庭園　邸内坂道の玉石積み（2015）

46 旧岩崎邸庭園の袖石塀（東京都文京区）

　旧岩崎邸庭園は三菱財閥を率いた岩崎久弥男爵の邸宅と庭で、1896（明治29）年に竣工した。（⇒43）

　邸内に洋館と和館があり、前者は鹿鳴館で知られる英国人建築家J．コンドルの設計である。重厚なれんが塀で囲まれた邸内の坂道を上る。坂の上、洋館に向かって左に、明るい灰色の安山岩製の長大な西洋風の袖塀があり、美しい彫刻が施され、塀の上に石の花鉢がある。安山岩は花崗岩のような華やかさは無いが、落ち着きがある。J．コンドルの建築は伊豆方面の安山岩を多く用いたようである。袖石塀を抜けた奥には木造山小屋風の撞球（ビリヤード）場がある。袖石塀が庭園に比べて大げさに見えるとしたら、現状の庭園が敷地を削られて狭くなったためである。

　旧岩崎邸は太平洋戦争後のGHQによる財閥解体、財産税の物納により国有財産になり、現在都立庭園、建築や袖塀はいずれも重文である。財産税は近代日本の貴族階級を没落させたが、豪邸を手放す旧華族の人間模様を描いた映画「安城家の舞踏會」（1947（昭和22）年）は世評高い。

旧岩崎邸庭園の袖石塀　右に洋館（2015）

平安神宮庭園の沢渡り石(京都府京都市) 47

　平安遷都1100年記念(⇒97)の内国勧業博覧会に往時の大内裏の一部を京都市岡崎に復元し、平安神宮が1895(明治28)年に創建され、社格は官幣大社とされた。

　祭神は京に都を遷した桓武天皇であり、天皇の神性を高める創建事業であった。江戸時代まで、天皇は譲位して出家したら法皇になり仏教に帰依していたのだが。

　広大な神社境内に小川治兵衛(植治)を起用し、長年かけて庭園を築いた。園内に大きな建築を設け、池には近代土木技術により導いた琵琶湖疎水を利用した。蒼竜池の沢渡り石は、かつて木橋に使われていた橋杭石(花崗岩)のリサイクル利用で、池底から立ち上がっている。橋杭石は明治末期から大正初期に京都府から寄贈されたもので、沢渡り石はそれから築造された。石と石の間隔が、一般的な飛石よりもやや広く、遊びの要素を込めているようである。(⇒64)

平安神宮庭園の沢渡り (2002)

48 無鄰菴庭園　流れの石（京都府京都市）

　南禅寺に近く東山を借景にして、小川治兵衛（植治）により無鄰菴庭園は1896（明治29）年に完成した。起伏のある芝生にゆるやかな曲線を描く流れは野面石で縁取られ、石はほぼ伏せるかのように使われている。丸みを帯びた滋賀県産の守山石（チャート）が水辺によく調和している。水辺のサツキは石に合わせてごく低くきめ細かく刈り込まれている。

　流れの水は京都の近代化の象徴・琵琶湖疏水を引き、守山石は船で疏水を経由して運ばれてきた。

　沢渡り石に石臼（花崗岩）が使われている場所があるが、製粉の近代化により石臼が無用になり、形の面白さを活かしリサイクル利用された。

　無鄰菴は明治・大正の軍人・政治家、旧長州藩出身の山縣有朋の邸宅であった。山縣は、戊辰戦争と西南戦争の功により1884（明治17）年に伯爵、日清戦争の功により1895（明治28）年に侯爵、日露戦争の功により1907（明治40）年に公爵に叙せられた。山縣がいくつもの邸宅に築造した庭園は今日まで残り評価が高い。（⇒ 39）

　無鄰菴では日露戦争開戦前に政府要人の会議が行われた。

無鄰菴庭園の流れ（1979）

無鄰菴庭園　流れの石（1979）

無鄰菴庭園　流れの石（1979）

49 三神社の井内石製オベリスク型施設
（宮城県塩竈市・石巻市）

　宮城県塩竈市と石巻市の三座の神社に、それぞれ国家神道時代の井内石（粘板岩）製のオベリスク型施設が一基ずつある。井内石の産地である石巻市の西に塩竈市があり、共に仙台湾に面している。

　鹽竈神社（塩竈市）表参道の鳥居前の、「東北鎮護　鹽竈神社」と刻まれた社号標（1900（明治33）年）はオベリスク型で高さは6.0 mある。鹽竈神社は江戸時代から栄えた陸奥国一宮なのに平安中期（10世紀）の延喜式神明帳に記載が無い。明治初年には延喜式の式内社が尊重され、鹽竈神社に式内社・志波彦神社を合祀、そのうえで社格を国幣中社とした。

　鹿島御兒神社（石巻市）は式内社であり、旧北上川の河口近くに広がっていた石巻市街を見晴らす日和山にある。境内にオベリスク型の「東宮殿下御慶事奉祝記念碑」（1900（明治33）年）がある。東宮とは皇太子（後の大正天皇）のことで、慶事とは婚礼である。

　伊去波夜和氣命神社（石巻市）は渡波海岸に近く、境内にオベリスク型の「昭忠」碑（1916（大正5）年）がある。これは地元出身の対外戦争の戦没者を顕彰する施設である。国のために戦死あるいは戦病死したことは名誉とされた。

　これら三座の神社のオベリスク型施設は一本の石の柱であるが、在来の井内石製施設と異なり、表面が磨き仕上げになっている。（⇒ 43，54，64）

　三座の神社のオベリスクに共通している要素は、近代の「国家」である。

　古代エジプトの石造物オベリスクは、欧州に運ばれて都市の広場や庭園に設置された。オベリスク型の施設はアメリカにも造られ、近代日本にも伝わり、宮城県の神社境内に黒い粘板岩製として定着した。欧州の庭園や広場のオベリスクとは異なり、神社境内の軸線から右手に配置されている。

　戊辰戦争で東北諸藩は奥羽列藩同盟を結成、新政府軍と交戦し「朝敵」とされた。石巻市内には社殿が仏教寺院風の神社もあり、明治政府の神仏分離・廃仏毀釈、式内社の比定（たとえば明治のB神社が実は延喜式神名帳のA神社であると定める）に従順に従った状況が垣間見える。

　ついでながら公園のオベリスク型施設として著名なものに、北海道札幌市の大通公園の聖恩碑（1939（昭和14）年）がある。

鹽竈神社社号標 (2009)

鹿島御兒神社「東宮殿下御慶事奉祝記念碑」(2009)

伊去波夜和氣命神社「昭忠」碑 (2010)

50 日比谷公園　門柱の石材
（東京都千代田区）

　東京の鉄道馬車が路面電車に代わり始めた1903（明治36）年、日比谷公園は開園、本多静六により初の本格的な西洋風の公園として設計された。開園時の門は六か所あり、洋風の門柱はいずれも重厚な石造で、安山岩製と花崗岩製があり、上に灯具が付いている。上下二つの石材からなる柱と、一つの石材の柱がある。門扉は無い。

　門柱の側面に石材の由来が彫り込まれており、旧江戸城の見附石垣の石材を再加工したものとわかる。江戸城には防御のため、内堀・外堀に通称三十六見附と呼ばれる石垣と門が築かれていた。近代都市東京の街路建設にともない、見附石垣は順次撤去され、大材の一部が日比谷公園の門柱にリサイクル利用された。

　近代化を進めた日本は優秀な絹糸を世界に輸出し、朝鮮半島・遼東半島・黄海を戦場にした日清戦争後には償金を得て、明治30（1897）年には台湾総督府を設置していた。日比谷公園開園の前年、最後の将軍だった徳川慶喜は名誉を回復し公爵に叙せられた。

日比谷公園の日比谷門　安山岩製（2005）

日比谷公園の有楽門　安山岩製（2005）

有楽門の石材の由来（2005）

51 日比谷公園　雲形池の玉石護岸と水路の玉石積み（東京都千代田区）

　日比谷公園には心字池と雲形池があり、前者に亀の噴水、後者に鶴の噴水がある。日比谷公園は軍隊の練兵場跡で、平坦な空地に池を掘り、出てきた土を築山に盛った。二つの池の護岸には共に安山岩の玉石が使われている。心字池は和風で、玉石は江戸の庭の伝統的な使い方である。

　雲形池周辺は藤棚があるなど、現在どちらかというと和風に整備されているが、開園当時は洋風を強く感じさせる造りであった。鶴の噴水そのものが洋風であり、それを中心に玉石の護岸は幾何学的な曲線を描き、玉石は階段状に整然と積まれていた。雲形池の玉石は心字池に比べて、形状寸法がそろっている。整然と積まれた玉石の名残は、探せば今も見られる。製図用の雲形定規は French Curb という。

　さて雲形池から流れ出る水路である。二つの橋をくぐり、細長くうねうねとレストラン裏手に至る。設計図に描かれた水路を具現化するのに、玉石積みを採用した。小ぶりの玉石を使い、垂直に近い石積みだが自然風に見え、愛らしいほどの仕上がりである。この玉石積みは来園者にもっと見やすくされてよい。玉石の間にほとんどすきまが無い。玉石がかみ合うよう合端に切欠きを入れている。この玉石の加工方法は、石の大小に違いはあるが、旧岩崎邸の坂道の玉石積みと基本的に同様である。（⇒ 45）

　東京の中心部に日比谷公園が開園したのは、日露戦争の直前で、中央駅となる東京駅はまだ開業していなかった。

日比谷公園　雲形池の玉石護岸（2015）

日比谷公園　雲形池の鶴の噴水と玉石護岸（2015）

日比谷公園　雲形池からの水路の玉石積み（2015）

日比谷公園　水路の玉石積みの加工（2015）

52 日比谷公園　第一花壇の玉石縁
（東京都千代田区）

　第一花壇は洋風・整形式で本多静六の設計図にあったが、開園当初の写真には見られず、1909（明治42）年と1939（大正14）年の1万分の1地図の日比谷公園では、整形式の形が不明瞭である（1909年の地図に新宿御苑のフランス式整形庭園の形は明瞭）。1937（昭和12）年の1万分の1地図に至って第一花壇の形が明瞭になる。

　関東大震災後、当初の設計図に忠実な形を現状のように完成したのではないか。整形式の花壇を造るのに、長径30〜40cm程度の灰色の安山岩の玉石を、コンクリートで固めて縁取りした。園路は一段高く、内側の芝生地は低いので、園路の玉石縁の直下は側溝にし、底は灰色の玉石をコンクリートで固めた。

　心字池・雲形池の護岸の玉石に比べて形が異なり、径も小さい。足元の玉石縁と側溝は玉石が無骨にも見えるが、第一花壇の全景を眺める位置に立つと、この玉石のサイズが縁取りとしてはバランスがよいと気づく。

　日比谷公園は、第一花壇の縁、雲形池の護岸、狭い園路の玉石張りL形側溝、いずれも安山岩の玉石を使った。玉石は江戸・東京の庭にありふれた材料であり、その取り扱いに習熟した技能者たちが、西洋式公園デザインの具現化に活躍した。（⇒ 55）

日比谷公園　第一花壇の玉石縁（舗装は後補）（2015）

日比谷公園の切石皿型側溝
（東京都千代田区） 53

　日比谷公園の幹線園路の側溝は開園以来のものである。花崗岩の切石を2列に並べ、内側と外側に高低差を付け、その間をコンクリートで皿型の溝にしていた（現在は皿型ブロックを並べている）。内側の切石の列は植込地と園路の縁石となる。雨水排水のための近代街築工の技術で、側溝と共に暗渠を設ける必要がある。

　花崗岩の直方体の切石の幅は一定であるが、長さは不均一である。幅が一定の大量の切石とは近代の公園らしく、石材の規格化であり、工業化である。開園から100年を越えて成長したイチョウの根に縁石の一部が持ち上げられた程度で、関東大震災と太平洋戦争の戦災を経て損傷は少ない。管理事務所の許可を得て、大学院生が掘り下げて側溝の基礎部分を確認したところ、大きな栗石を使って分厚い基礎工事がなされていた。

　日比谷公園には開園当初からの、狭い園路の玉石張L形側溝も現存する。

　側溝を造園技術として些末と言うなら、公園を造る現場に立ったことのない人である。排水施設は、公園に必須のインフラである。

日比谷公園の切石皿型側溝（2005）

54 石巻神社の石鳥居と「昭忠」碑・井内石
（宮城県石巻市）

　石巻神社の境内は重苦しい。荘重な黒い石の鳥居と、分厚く黒い「昭忠」碑によって醸し出される雰囲気は、招魂社にふさわしいのであろう。石巻出身の対外戦争の戦没者を祀り、かつて招魂社と称し、地元民による近代の創建であった。明治末期の石巻の案内書には巻頭に紹介されていた。鳥居も昭忠碑も地元の井内石（粘板岩）製である。

　「昭忠」碑（1906（明治39）年）は、朝鮮半島・満州南部・日本海を主戦場とした日露戦争の戦没者の名を刻み、高さは6.0 mもある。鳥居（1929（昭和4）年）は明治の神明鳥居の再建と見られ、伊勢神宮や靖国神社の鳥居と同じ形式で、高さ6.0 m、幅7.5 mに及び、いずれの部材も一本の石である。近代日本の軍国主義と国家神道は、人の心を教化し、このような祭祀が各地で行われた。戦没者の遺族は祈らずにはいられなかった。石巻神社は現在、神社として登録されておらず、そうした社は私祭という。

　河口に近い旧北上川畔（石巻市）に井内石の石切場跡が見える。井内石は暗い灰色の粘板岩で、板状節理があり大材が採れ、地元では鳥居・敷石・石積みに、また全国各地で石碑・石橋に使われてきた。（⇒ 43, 49, 64）

　井内石は忠魂碑の石材として全国で高い評価を得て生産・出荷されていた。忠魂碑は、「昭忠」碑のように対外戦争で天皇に忠義を尽くし戦死・戦病死した軍人たちの名誉の碑で、各地に建立された。

　井内石は石巻市の山でも海でも、古くから信仰の板碑に使われていた。石巻は良港で漁業が盛んであるが、寺院には井内石製の水難慰霊碑も累々とある。井内石は祈りにふさわしい石とされていたのである。

　現在採掘されている井内石の石切場は石巻市・牧山の山間部にある。

石巻神社の石鳥居（2009）

石巻神社の石鳥居と「昭忠」碑 (2009)

石巻神社の「昭忠」碑 (2009)

旧北上川畔の井内石石切場跡 (2008)

55 新宿御苑のフランス式整形庭園 玉石張り側溝（東京都新宿区）

新宿御苑は近代の皇室の苑地で、日露戦争後の1906（明治39）年に現在の形になった。新装なった新宿御苑で日露戦争戦勝大祝賀会が開催された。その前年に日本は韓国総督府を設置していた。

御苑のフランス式整形庭園の園路には、断面が皿型の西洋式の側溝が造られている。この側溝はコンクリート造で表面に玉石を張っている。西洋では側溝には切石を使い、玉石は使わない。玉石を使って側溝の直線的な形を作り出す器用さは、日本の技能者の工芸的センスによるものであり、日本庭園の延段の技術の延長上にあるのであろう。そもそもコンクリート造であるから、排水機能だけを考えたら、現代の側溝のように、流水面をコンクリートで平滑に仕上げればよい話である。玉石張りが鋳鉄製・皿型の集水桝の蓋と共に、側溝を見どころにしている。園路には豆砂利が敷かれている。（⇒ 52）

新宿御苑は太平洋戦争後の1949（昭和24）年から国民公園として公開されている。園路に玉石張りの側溝と豆砂利敷きの組み合わせは、かつての公園に珍しいものではなかったが、現在都内の公園には少なくなった。

新宿御苑のフランス式整形庭園　玉石張り側溝（2015）

新宿御苑の飛石・根府川石
（東京都新宿区・神奈川県小田原市）

56

　新宿御苑には日本庭園の池もある。玉藻池は江戸時代の高遠藩内藤氏以来の古いものであるが、明治時代に御苑になってから上の池・中の池・下の池が築造された。いずれも谷戸の地形を活かしている。玉藻池は古いとはいえ、庭石などは明治期のもののようである。（⇒ 57）

　玉藻池と上の池は、池畔に青石（緑色片岩）がちりばめられるが、護岸に黒ぼく石（玄武岩）や玉石（安山岩）、池畔の飛石には根府川石（安山岩）が多用されている。これらの石の使い方は江戸・東京の庭の特色である。

　新宿御苑はその広大さと和洋の国際性においてまさに近代の天皇の庭である。苑内の建築や橋には風格が感じられる。しかし日本庭園の石は、新調らしい石燈籠を別にすれば、広い空間を埋めるため量を集めた感が否めない。京都育ちの明治天皇の御苑に、京都風の石の使い方は見られない。

　根府川石は神奈川県産で、板状の節理があって割りやすく、大きな材が得られ、江戸・東京の庭園におおいに活用された。その形状には軽快感があり、色彩はかち色で美しく、大きな材は立派である。古くは小堀遠州が伏見の茶室「転合庵」の飛石に使った記録がある。

　根府川石の石切場は、JR伊東線・根府川駅から米神集落を経て、ミカン畑の山道を登ったところにあった。石碑になるような大材から手のひらサイズまで、さまざまな大きさが採れ、石切場から相模湾が見晴らせた。太平洋戦争後間もないころ、伊東線の走る海辺で、「みかんの花咲く丘」は作曲されたという。海が見える石切場の石を池畔の飛石に使うのは、産地の状況を反映した使い方と言えるのではないか。

新宿御苑　上の池の飛石（2009）　　根府川石の石切場（1998）

57 新宿御苑　池の玉石護岸・根府川海岸の玉石（東京都新宿区・神奈川県小田原市）

　新宿御苑の日本庭園、玉藻池や上の池の護岸には大きな玉石（安山岩）が多数使われているところがある。その近くには黒ぼく（玄武岩）や根府川石（安山岩）も使われている。

　新宿御苑の日本庭園の池は天然の谷戸地形を活かし、谷戸をせき止めて池にしており、その場所に石があったはずもない。江戸・東京の庭の池の畔には玉石が使われている例が少なくない。

　短い急流が海に流れ込むところでは、川底の石が砂や泥になるひまもなく、大きな石のまま海に転がり落ち、波にもまれてぶつかりあって角が取れ、丸みを帯びて海岸に打ち上げられる。玉石のごろごろしている海岸景はそうしてできる。根府川海岸（神奈川県小田原市）には、西の山地からの3本の急流の河口がある。海岸には箱根山の火山活動に由来する安山岩（灰色）・玄武岩（黒色）・泥流岩（赤色）の玉石が見られる。伊豆方面にも玉石の海岸がある。関西にこんな海岸景は無いのでは。

　大きな玉石を使った庭は関西方面に見られない。日本庭園の池は基本的に海の縮景であるから、江戸・東京の庭の池畔に玉石を使うのは、理にかなっていることになる。

新宿御苑　玉藻の池の玉石護岸（2015）

石と造園 100 話

根府川海岸の玉石（1982）

58 新宿御苑玉藻池の州浜・伊勢ごろた
（東京都新宿区・三重県菰野町）

　新宿御苑の玉藻池に花崗岩の雪見灯籠、水際の黒ぼく（玄武岩）、根府川石（安山岩）の飛石を配した州浜がある。州浜に敷き詰められモルタルで固定された小石は、伊勢ごろた（花崗岩）である。州浜は古くからの庭園技法で、元来モルタルは使わなかった。伊勢ごろたは表面が粗くごま塩状に見え、やや黄ばんだ色である。

　玉藻池の州浜は池の水位の変化によって見え隠れする。たくさん雨の降った直後に玉藻池に行くと、増水して州浜は水面下になっており、水景の変化を楽しめる。玉藻池は谷戸地形をせき止めた池で、平面形はV字形をしており、雨が降ると周囲から水が集まってくるためである。

　伊勢ごろたは入手しやすく、粒径別に袋詰めで販売されている。造園的な用途は日本庭園の延段、公園の園路の石張りなど多岐にわたる。産地は三重県の伊勢ではなく、菰野町である。鈴鹿山脈・御在所岳の朝明川上流で採取され、産量は豊富である。川で丸みを帯びたごろた石なら州浜など水辺に調和する。

　鈴鹿山脈一帯は1968（昭和43）年、鈴鹿山脈国定公園に制定された。御在所岳は全山が花崗岩である。

新宿御苑の玉藻池　雪見燈籠と州浜（2015）

玉藻池　伊勢ごろたの州浜と水際の黒ぼく石、根府川石の飛石（2015）

花崗岩の転石の豊富な朝明川上流（1978）

59 上野公園 「西郷さん」銅像下の石段（東京都文京区）

　JR 上野駅不忍口から出て、上野公園の「西郷さん」こと西郷隆盛の銅像に向かうには石段を上る。上る左手には京成上野駅の地下入口があり、右手には「3153」という名のビルが公園の崖に食い込むようにある。

　石段は裾が優雅に広がって出入りしやすく、上ると踊場(おどりば)があり、さらに上ると広場に出る。広場を右に折れてまた石段を上る。石段の踏面(ふみづら)の奥行きは均一である。（⇒ 37）

　1907（明治 40）年の上野公園が会場の「東京勧業博覧会」の版画に、この石段らしきものが描かれている。大正期とされる写真に現状の石段と石積み擁壁、そばに石造照明施設も写っている。当時はずいぶんモダンに見えたはず。石段は白い花崗岩製で分厚く、両側の花崗岩の縁石も幅広に造られている。石積みは灰色の安山岩で、花崗岩の笠石がある。

　この石段は上野公園の入口として親しまれてきた。この石段には似顔絵描きや靴磨きがおり、太平洋戦争後しばらくは白い着物の傷痍軍人がアコーデオンを演奏していた。太平洋戦争末期、上野公園の一隅は罹災遺体の仮火葬場と仮埋葬地になったが、戦後、時間をかけて改葬復旧した。「3153」ビルの前身は、戦後の駅前の闇市の露店商を収容したビル。花見、動物園、博物館、美術館、史跡と、上野公園は日本一有名な公園であろう。西郷さんの銅像は、皇居、靖国神社、東京タワーと並ぶ観光名所であった。

上野公園　「西郷さん」銅像下の石段（2015）

鹽竈神社　裏参道の井内石製施設
（宮城県塩竈市）

　鹽竈神社境内は1908（明治41）年の皇太子（後の大正天皇）の東北巡幸に際し、鉄道の駅に近い裏坂を中心に近代の整備が進んだ。

　鹽竈神社裏坂の井内石（粘板岩）製の明神鳥居は高さ7.5 mと大きい。宮城県の仙台市、塩釜市、石巻市では石造の鳥居は黒い。井内石を用いているからである。井内石製鳥居は、仙台市には江戸時代のものがあるが、塩竈市と石巻市のものはほとんど明治の国家神道の時代以降に築造された。

　鹽釜神社の裏坂の敷石は、井内石の大材によるダイナミックな造形である。粘板岩の板状節理の特徴を活かし、敷石の形・大きさはひとつひとつ違い、表面は荒々しいすだれ仕上げである。敷石の荒々しい表面は冬に除雪した後も、滑りにくいことだろう。（⇒17）

　鹽竈神社裏参道は鳥居、石段、敷石、石碑などさまざまな施設の石材を井内石に統一して空間づくりを行った、近代の神社境内である。井内石は仙台湾に面する隣の石巻市で大量に採れ、利用しやすかったといえる。

鹽竈神社裏参道　鳥居・石段・敷石（2009）

鹽竈神社裏参道　敷石（2009）

61 旧赤坂離宮迎賓館　石の花鉢と稲田みかげ（東京都港区）

　旧赤坂離宮は1909（明治42）年に当時の東宮御所（皇太子の御所）として竣工した。しかし御所としてはほとんど使われなかった。設計は宮廷建築家片山東熊。

　ネオ・バロック様式の建築も、洋風庭園の円形噴水池の水盤、テラス、階段、花鉢なども茨城県産の稲田みかげ（花崗岩）で統一され、白っぽい。石の花鉢の表面は磨かれて光沢がある。この石の花鉢に似た形のものが旧岩崎邸や日比谷公園にもあり、当時流行の洋風庭園施設であった。

　江戸のまちを築いたのは伊豆方面の灰色の安山岩であった。欧米の都市をみた日本人は石造の『白亜の』建築に強い印象を受け、白っぽい石材を求めた。稲田みかげは色が白く明るく、磨くと光沢が美しい。近くで見ればごま塩模様であるが、遠目には白く見える花崗岩である。稲田みかげの茨城県真壁郡の内陸の石切場は、1889（明治22）年の水戸線開業に伴い、東京に石材を供給する産地となる。近代石材工業の発展がこの建築と庭園を支えている。建築内装には輸入された大理石が豪華に使われている。

　旧赤坂離宮は太平洋戦争後、国会図書館に利用されたりしたが、現在は迎賓館として、庭園も含め再整備されて活用されている。

　東京都内には日本橋など、稲田みかげを使った建造物が数多い。

旧赤坂離宮迎賓館　正面（1998）

旧赤坂離宮迎賓館　庭園から（1998）

旧赤坂離宮迎賓館　噴水池（1998）

旧赤坂離宮迎賓館　石の花鉢（1998）

62 強羅公園　石積みと方位盤
（神奈川県箱根町）

　箱根の強羅に別荘地が開発され、その中央に1914（大正3）年に開設されたのが現在の強羅公園である。往時は別荘地の住民が出入り自由だったという。1914年は日本がドイツに宣戦し、世界大戦に参戦、ドイツ領南洋群島を占領、青島を攻略した年であった。

　この公園は明星ヶ岳の眺望にも優れている。傾斜地に築造された洋風の整形式の園地は、安山岩の露頭を巧みに取り入れながら石積みを設け、幾段ものテラス状にした。石積みの安山岩の石材は直方体で、高さ一定、長さはばらつきがあり、それを用いて美しく仕上げている。石積みの門柱もよい。造園設計は海外経験のある一色七五郎。強羅公園を開放していた別荘地の豊かさは推して知るべし。

　1919（大正8）年に箱根登山鉄道が運行を開始、箱根は1936（昭和11）年に富士箱根国立公園として制定された。

　強羅公園は1957（昭和32）年以来有料公開の観光名所である。

　園内の安山岩の露頭に石段を取り付け、上に花崗岩の彫刻の方位盤を設けている。風景地の方位盤は見渡せる山々の姿と名を刻み、材質と加工度の異なる石を組み合わせ、気の利いたチャーミングな施設である。

　井上ひさしの戯曲「箱根強羅ホテル」は、太平洋戦争終戦前後の強羅の

強羅公園の石積み（2009）

状況を描き、代々小田原藩のお抱え庭師という植木係も登場するが、アメリカ軍将校用の保養施設として、ホテルが接収される幕切れは史実である。

強羅公園　池畔の石積み（2009）

強羅公園　方位盤（2009）

強羅公園　露頭に方位盤（2009）

63 桜山八幡宮の古い社号標と松倉石
（岐阜県高山市）

　飛騨高山の秋の高山祭で知られる桜山八幡宮には、鳥居をくぐり参道を進み石段の手前、「高山祭屋台会館」の手前に古い社号標石がある。柱状で丸みを帯びた茶褐色の野面の松倉石（濃飛流紋岩）を用い、1915（大正4）年建立、昔の社号「飛騨八幡神社」が彫り込まれている。社号を揮毫した東郷平八郎の名も刻まれた。前年日本はドイツに宣戦し、世界大戦に参戦していた。八幡様は元来武神であり、戦時中は兵士とその家族は武運長久を祈願した。東郷平八郎は旧薩摩藩出身で海軍大将として日露戦争の日本海海戦を指揮し、1907（明治40）年に伯爵に叙せられていた（没後、東郷神社に祀られた）。

　神社の参道には神社名を彫り込んだ社号標石が建てられ、その形状は四角柱であることが多い。しかし、飛騨高山の神社の社号標石の多くは松倉石で、地元の松倉山で採れる山石である。飛騨地方を広く覆う濃飛流紋岩は柱状節理があり、松倉石は地表で風化した石である。松倉石の社号標は明治以降のものばかりであるから、近代の国家神道の影響と言えよう。

　桜山八幡宮は、近世初頭にこの地を治めた金森氏時代に創建され、幕府の天領の時代を経て、近代・現代に至っている。「桜山八幡宮」と現代の社号を刻んだ新しい社号標石（花崗岩）は四角柱である。

　春の高山祭を催行する日枝神社にも大きな松倉石の社号標石があり、1934（昭和9）年の建立、鉄道開通と高山駅開業の年であった。

　飛騨の娘たちは高山を経由し、徒歩で飛騨山脈（北アルプス）の野麦峠を越え、信州・諏訪湖畔の製糸工場で働き、日本の近代化を支えた。

松倉山の松倉石（2012）

「飛騨八幡神社」社号標 (2011)

64 旧古河庭園の石橋（東京都北区）

　古河虎之助男爵が1917（大正6）年に築造した邸宅で、傾斜地に庭がある。現在は都立庭園である。

　東京における唯一の小川治兵衛（植治）による日本庭園の池泉が低地にあり、青石などを用いている。井内石（粘板岩）の石橋は二枚の大材を用い、石の端部を削り落としておしゃれに処理している。庭園の橋の石材加工としては類例が無いのではあるまいか。清澄庭園にも井内石の橋があるが、このような端部の処理はしていない。（⇒ 43，47，54）

　高台の石造の洋館はJ．コンドル晩年の作で、小松石（安山岩）を用いている。安山岩の地味な色調とテクスチャーが落ち着いた印象を与える。洋館の直下に洋風の整形式庭園があり、その下に日本庭園がある。

旧古河庭園・日本庭園の石橋（1987）

明治村　旧帝国ホテルの池畔
（愛知県犬山市） 65

　日比谷公園の東側、街路を挟んで明治時代から帝国ホテルがあるが、現在の建築より前にアメリカの建築家フランク・ロイド・ライトの設計により、1923（大正12）年に竣工したものがあった。旧帝国ホテルの建築は老朽化により1967（昭和42）年に閉鎖され、一部分だけ保存・移築されて、博物館「明治村」にある。旧帝国ホテル正面の池はほぼ長方形で、長辺が日比谷公園に向かって伸びていた。池は水鏡になり、建築の姿を映す。

　建築にも、池の畔にも大谷石（凝灰岩）とスクラッチタイルを用いた。池畔の笠石に大谷石、壁にはスクラッチタイルを張る。旧帝国ホテルは関東大震災に耐え、大谷石は一躍その名を知られた。大谷石とスクラッチタイルの組み合わせは震災復興期の公園施設にも影響を与えた。（⇒70）

　大谷石はもともと栃木県宇都宮市方面で土蔵やかまどに使われていた加工容易な石材であるが、地質学で日本列島生成に関わったグリーンタフ造山運動による緑色凝灰岩の代表格とされる。

明治村　旧帝国ホテルの池畔（1979）

66 清澄庭園　火を浴びた手水鉢
（東京都江東区）

　清澄庭園は池泉があり、1923（大正12）年の関東大震災のとき避難場所になって多くの人命を救い、それをきっかけとして岩崎家から東京市に寄贈された。この庭園には花崗岩製の手水鉢がいくつかあり、ナツメ型と橋杭型の手水鉢はぽつんと立っている。いずれも変色、ひび割れ、剥落など火を浴びた跡がある。

　ナツメ型と橋杭型の手水鉢は「築山庭造伝後編」にも描かれ、本来建物の縁先に置かれる。関東大震災でも、1945（昭和20）年の東京大空襲でも清澄庭園の建築は炎上し、手水鉢だけ残った。大火は石も焦がした。石英・雲母・長石の3種類の鉱物からなる花崗岩は、結晶が大きくごま塩状に見えるが、鉱物の熱膨張率が異なるため火災には弱く、表面がぼろぼろになる。これら手水鉢は東京下町の大火の過酷さを伝える遺品として存在価値がある。（⇒ 40）

清澄庭園のナツメ型手水鉢（2003）

清澄庭園の橋杭型手水鉢（2015）

明治神宮外苑の石造施設（東京都渋谷区）

　聖徳記念絵画館の建築（1926（大正15）年）も、広場の舗石やベンチなど造園施設も、明治神宮外苑は岡山県産の万成みかげ（花崗岩）で石材が統一された。万成みかげは新鮮な表面はサーモンピンクを帯びているが、外苑のように古びると明るい錆色に見える。外苑の万成みかげはあたかも石材の表面加工・仕上げの展示場のようで、大きな瘤のような「こぶ出し」、粗い「ノミ切り」、細かい「小叩き」、光沢のある「磨き」など、様々なものが見られる。磨いた石のベンチは今も傷みが見えない。

　明治天皇と昭憲皇太后を祀る明治神宮の外苑は、関東大震災前に着工、震災復興期に竣工、折下吉延が造園計画・設計を担当した。

　明治初期の「米欧回覧実記」は日本人が米欧の石造りの都市に圧倒されている様子が読み取れ、石材の記述も詳細であった。森鴎外も「うたかたの記」にドイツの大理石のたてものの魅力を書いていた。

　神聖とされた明治天皇の権威が無ければ、樹林に囲まれ西欧的な整形式で石材を統一した都市空間が、東京に外苑として具現化されなかったかも知れない。

明治神宮外苑　絵画館からイチョウ並木を望む（1994）

明治神宮外苑
絵画館と舗石（1994）

明治神宮外苑
バルコニー（1994）

明治神宮外苑
ベンチ（1994）

明治神宮外苑イチョウ並木の縁石
（東京都港区）

68

　明治神宮外苑のイチョウ並木は有名であるが、その並木道の歩車道境界の縁石である。山梨県産の塩山みかげ（花崗岩）を縁石にしており、端部に丸み付けするなど加工した形が美しい。この歩道は当時の先端技術であったアスファルト舗装を採用し、縁石におしゃれをした。舗装は改修されたが、縁石は当時のままである。塩山御影の石切場はすでに閉山した。

　神宮外苑は日本最初の風致地区に指定された。明治の始めに寺社の境内地を公園にしたことを思えば、天皇を祀る神社と公園を峻別したのである。

　並木道の軸線の中心、聖徳記念絵画館は明治天皇と昭憲皇太后の事績を描いた絵画を展覧し、大政奉還、対外戦争、韓国併合などの絵画もあり、絵画が揃ったのは1936（昭和11）年、「二・二六事件」の年であった。

　日本の植民地の神社には天照大神と共に明治天皇が祀られた。（⇒1）

　外苑には陸上競技場、野球場など各種運動施設が充実した。陸上競技場は1940（昭和15）年東京オリンピックの主会場になる予定であったが、オリンピック開催は返上され、太平洋戦争中に学徒出陣の式場になった。学徒は天皇の軍隊に出陣したのである。陸上競技場は戦後、1964（昭和39）年の東京オリンピックに国立霞ヶ丘陸上競技場として改築され（⇒80, 91）、今また2020年に向けて新国立競技場が計画されている。

明治神宮外苑のイチョウ並木（1994）

明治神宮外苑　イチョウ並木の縁石（1994）

乃木公園　石積み擁壁と石段
（東京都港区）

　乃木公園は乃木神社の隣の高台にある。そこに至る坂道が乃木坂である。旧長州藩出身の乃木希典は陸軍中将として日清戦争の功で男爵に、大将として日露戦争の旅順・奉天の戦いの功で伯爵に叙せられた。明治天皇の大葬の日に乃木は妻と共に殉死。夫妻は神として乃木神社に祀られる。

　乃木公園の敷地は乃木邸跡で、洋式住宅、厩などが保存・展示されている。乃木公園は1928（昭和3）年に開園、軍国主義の時代は国民に人気の軍人を記念する公園も生み出したのだなと思う。太平洋戦争後に刊行された米国のルース・ベネディクト女史の著作「菊と刀」に『日本人は誰でも、乃木将軍がステッセル将軍の愛馬のために自宅の前庭に建てた厩舎知っていた。』とある。乃木と降伏したステッセルの会見は美談として伝えられた。

　公園内に乃木神社参道との高低差をつなぐ石積み擁壁と石段を設けた。石積み擁壁は上下2段、石段は左右対称、二方向にある。石積みは小松石（安山岩）で、こぶ出しの切石を布積みにし、階段の腰壁に相当する部分は黒い砕石を使った人造石仕上げ、威風堂々たる公園施設である。（中央の壁泉部分は改修。）乃木神社参道側の公園入口に石積みの門柱を設け、笠石に大谷石（凝灰岩）を用いている。

　この石積み擁壁と石段は、東京の震災復興期の小公園のデザインと施設に共通する特徴を持ち、それをほぼ留めている。この当時の小公園のデザインは整形的で図案的である。

　1928年は初めて普通選挙の衆議院議員選挙が行われ（女性参政権無し）、関連して当時の雑誌「庭園と風景」10巻3号巻頭言は公園について『直接に其效果を享樂し得べき<u>下級社會に於いて克く理解され</u>』（下線は著者）と述べた。前出「菊と刀」は『日本は日本の歴史の全期間を通じて、いちじるしく階級的、カースト〔世襲的階級身分制度〕的な社会であった。』と評した。

　乃木坂・六本木界隈は太平洋戦争後おしゃれな街に変わり、乃木神社は神前結婚を希望するカップルが後を絶たない。神社での神前結婚式は近代になってから始まったものである。

石と造園 100 話

乃木公園　石積み擁壁と石段（2015）

乃木公園　石積み門柱（2015）

70 横浜公園　噴水の水盤と門柱
（神奈川県横浜市）

　横浜は幕末に開港したが、横浜公園は居留地の外国人たちによって開設された日本最古の公園（「彼我公園」と称した）である。関東大震災の時には横浜市民の避難場所になり、多くの人命を救った。
　横浜は帝都復興計画により復興が進められた。横浜公園は震災復興期に改造され、その後も改造を繰り返してきた。
　震災復興期の門柱と塀には、大谷石やスクラッチタイル（⇒65）を使っている。横浜公園から港に向かう日本大通のビスタライン上、園内中央に設けられた円形噴水池の噴水は1928（昭和3）年の竣工、朝顔型の水盤は岡山県産の万成みかげ（花崗岩）を使い、表面は磨き仕上げである。ただ、噴水の水が常に吹き上がるよう改良されたのは、1980（昭和55）年ころになってからという。

横浜公園の噴水と日本大通（2002）

横浜公園　門柱の大谷石とスクラッチタイル（2009）

横浜公園　塀の大谷石とスクラッチタイル（2009）

71 山下公園のバルコニー石積みと小松石（神奈川県横浜市・真鶴町）

　横浜港に臨む山下公園は、関東大震災後の震災復興公園の一つである。1930（昭和5）年開園。灰燼に帰した横浜のガレキを片付けるため海岸に捨て、公園を造成するためにさらに幅広く埋め立てた。幅は約750m、奥行き約90mの公園である。埋め立てに先行して石積み護岸が築かれたが、一直線の護岸ではなく、海に突き出る半円形のバルコニーと海に降りる石段が設けられた。石積みの石材は神奈川県産の灰色の安山岩、小松石を用い、こぶ出しの切石の布積みである。白っぽく見える笠石は花崗岩。震災後の造園建設であるから、石積みの水面下には分厚いコンクリート基礎が設けられた。石段はかつて公園地先の海面で許されていた遊泳やボート遊びのためであった。計画・設計は折下吉延。

　ついでながら、東京港は震災時には無く、1930年に修築事業開始、国際港として開港したのは1941（昭和16）年のことである。1930年には昭和恐慌と呼ばれる恐慌が深刻化し、農村は危機的状況になった。

　横浜港は太平洋戦争の敗戦直後、連合国軍に接収され、日本人が使える埠頭が必要で新たに山下埠頭が造成されたため、山下公園の水際線の三分の一は埋め立てられてしまった。

　山下公園内部は近年、当初の設計図に忠実に再整備された。

　小松石と呼ばれる安山岩は、真鶴岬の付け根の月世界を連想させる巨大な石切場から、現在も産出する。小松石の墓石はいまや高級品である。真鶴岬は魚付き保安林で知られ、漁港があり、石切場は環境問題のことも考えなくてはならないという。

山下公園全景（1977）「造園の施設とたてもの」より

石と造園 100 話

山下公園のバルコニー石積み（1988）

小松石石切場（2003）

72 皇居前広場の縁石・玉砂利
（東京都千代田区）

　現在では実在を疑われるが、初代神武天皇の即位から数え、西暦に優越する日本の紀元2600年は1940（昭和15）年で、それを祝う記念事業は国家的一大イベントであった。式典が挙行された皇居前広場（当時宮城前広場）は、地元東京市により現在の形に整備された。すでに1906（明治39）年、日露戦争の凱旋大観兵式に合わせて凱旋道路（現内堀通り）と現在の広場に近い平面形はできており、クロマツも植栽されていた。それを損なわないよう植栽や施設を拡充するなど、日本で最も有名な広場は1939（昭和14）〜1943（昭和18）年に改良された。

　ほとんどが松という植栽は、現在は例が少ないが、江戸時代の大名庭園などは松の木が多かった。式典会場に建った宸殿造の「光華殿」は、いま小金井公園内「江戸東京たてもの園」にある。

　道の脇にあった深い溝は暗渠に改良され、側溝と縁石は重厚な花崗岩製、洋式の街築工である。縁石による広場とクロマツの植え込み地の高低差は、日比谷公園の縁石による園路と植え込み地の高低差よりも大きい。石材加工の工業化が進み、石材は均一の形状寸法で、表面仕上げもきめ細かい。縁石・側溝でこれを凌ぐ豪華なものは無かろう。しかし著者は考えてしまう。この縁石・側溝が本物の石と気付かない現代人は多いのではないか。石は形状寸法を均一に、表面仕上げをきめ細かくするほど、コンクリート二次製品に代替されうるのではないか。

　広場の豆砂利敷きは公園の舗装として、長い間一般的であった。豆砂利は神奈川県の大磯海岸の砂利が奉献された。大磯砂利は丹沢山地由来の緑色凝灰岩が混じるのが特色。大磯は江戸時代から景勝の行楽地、近代の別荘地でもあった。

　1940年は防空大緑地の名目で、雄大な東京緑地計画（広大な農地を含む）が実施に移された。当時すでに日本は大陸で中国と泥沼の戦争中だったが、さらに太平洋戦争に突入する。

　戦後の1946（昭和21）年、初の女性議員が誕生した衆議院選挙のあった年、この広場に食料要求の名目で25万人が集結、デモ行進が行われた。

　今日、皇居前広場ほど玉砂利と呼ばれる豆砂利敷きが似つかわしい場所もあるまい。

皇居前広場の縁石・側溝（2015）

皇居前広場の玉砂利（2015）

73 前川國男邸の石塀とテラス（東京都小金井市）

　建築家・前川國男の自邸が小金井公園内「江戸東京たてもの園」に移築・復元されている。1942（昭和17）年、太平洋戦争中の建築であり、ぜいたくはしていないが、切妻・大屋根の住宅の構造・意匠ともに工夫を凝らしており、もとは品川区にあった。前川は東京・銀座に事務所を持っていたが、それを空襲で失い、一時この自邸を事務所にも使ったという。

　アプローチと庭を大谷石（凝灰岩）の袖塀で仕切り、鉄平石（安山岩）を張ったコンクリートのテラスがあり、その先に芝庭、室内の延長のようでもあり機能的である。大谷石は表面に穴があるが明るい色調、軟質で加工しやすく、鉄平石は板状で軽快な印象があり均一な薄さで施工性が良い。

　大谷石は栃木県産、鉄平石は長野県産で、昭和の住宅建築の外装・内装に、また庭園の石材として首都圏で広く使われた。

　近代日本の対外戦争は太平洋戦争で初めて日本列島の諸都市が空襲や艦砲射撃を受け、沖縄は凄惨な地上戦になり、1945（昭和20）年に敗戦。

　前川國男は1961（昭和36）年、上野公園の東京文化会館の建築により世界にその名を知られる。

前川國男邸の石塀とテラス（1999）

三井八郎右衛門邸の庭石
（東京都小金井市）
74

　三井八郎右衛門家は京都府出身であり、日清戦争後の 1896（明治 29）年、10 代高棟は経済発展の功績により男爵に叙せられ、最大の財閥に。

　1952（昭和 27）年に港区に建てられた三井八郎右衛門（11 代高公）の住宅と庭が、小金井公園内「江戸・東京たてもの園」に移築・復元されている。小金井公園は 1940（昭和 15）年の紀元 2600 年記念事業、また防空大緑地の名目で実施された東京緑地計画により造成された公園のひとつ。

　1952 年は敗戦後の占領下にあった日本が、講和条約の発効により独立を回復した年である。1950（昭和 25）年の朝鮮戦争による特需で、日本の経済的復興は進んでいた。

　戦後の GHQ（連合国最高司令官総司令部）による財閥解体後の三井家とはいえ、邸宅の客間と食堂は明治 30 年ころ京都で作られたものを移築するなど、内部は豪華絢爛である。庭も和洋折衷であるが、京都の好みが色濃く、庭石は京都産の鞍馬石（花崗閃緑岩）や貴船石（輝緑凝灰岩）を中心に、伽藍石（古寺の柱の礎石）や石燈籠（花崗岩）も優品で、神奈川産の根府川石（安山岩）も使っている。この庭の鞍馬石を見れば、一石だけでも飾りたくなるであろう。貴船石は色によって紫とよもぎがある。

　鞍馬石と貴船石は、戦前・戦後を通じてブランド品であった。

　〈春はやき庭の日射しをよろこびて鞍馬石置く貴船石置く〉吉井勇

　1956（昭和 31）年、歌会始（お題「早春」）の選者、吉井の歌である。吉井は祖父が旧薩摩藩士の旧伯爵家、東京で生まれ、京都でも暮らした。

　戦後の GHQ による農地解放は、大地主のもとで小作人だった農家に農地を所有させ生産性を向上させたが、小金井公園のような防空大緑地から多くの農地を失わせた。

三井八郎右衛門邸の庭　中央に鞍馬石・右に伽藍石（1999）

三井八郎右衛門邸の庭　手前に鞍馬石・奥に貴船石の石組（1999）

香川県庁舎の南庭　割肌の巨石
（香川県高松市）

75

　1958（昭和33）年、丹下健三設計の香川県庁舎（現・東館）はRC造の建築に和風を表現し、傑作と言われた。その南庭に巨大な割肌の石の石組が造られた。南庭設計担当：神谷宏治。当時の香川県知事の希望は、『民主主義の時代にふさわしい県庁舎』だったという。

　京都の庭をふりかえればチャートは固い石で、水で磨かれていない山石は稜角がある。角張った石を使って造形的に優れた庭が造られた。（⇒ 7, 8, 16）それを思えば、人工的に割った石も、庭の造形の適材になりうる。

　最高級の花崗岩とされている地元の庵治石（花崗岩）ほかが使われた。

　分厚いレリーフのような築山も魅力的であった。

　香川県庁舎はピロティがあって開放的であり、庭は塀で仕切られていないオープンな空間である。和風を表現したRC造の庁舎にふさわしい和風の庭。高木植栽も無い。そこに石を組むなら庁舎と対峙しなくてはならない。巨石を使うことになる。現代の割肌の石を使った石組も、巨石の石組も、香川県庁舎から始まった。石組の一部は足元が少々不安定に見えたが。和風の石組のエッセンスを汲み上げた巨石のオブジェと言うのが適当か。

　南庭は現・本庁舎建設に際し、当初と異なった姿に再築造された。

　今日では野面石（のづらいし）が入手しにくく、ビル外構に限らず庭園や公園に、割肌の石組はしばしば行われている。（⇒ 95）

香川県庁舎　南庭の石組（1988）

76 城南宮楽水宛 「桃山の庭」の石組
（京都府京都市）

　京都の南に位置し方除・旅行安全を祈る神社、城南宮はかつて宇治川の流域、広大な巨椋池が近くにあったが、池は太平洋戦争前に干拓された。12世紀の鳥羽離宮跡、歴代上皇の熊野詣での出発地でもあった。（⇒ 33）
　この地で幕末の鳥羽・伏見の戦いがあった。
　楽水宛は 1954（昭和 29）～ 1960（昭和 35）年に、平安の庭など、水景を活かし、各時代の庭園様式を研究・応用した一連の新たな庭園が創作された。中根金作の作庭。
　「桃山の庭」はソテツを植栽し、色鮮やかな石を使っている。
　この石組の石の配置は、実測図を見れば、平面図に平行に近い線が目立つであろう。立面では石の広い面を見せ、石の縦の線を利かせている。低く伏せて水平線を強調するような石がいくつかあり、それらを前後に配して庭の奥行き感を出している。チャートを中心とする庭石を綺麗に組んでいる。作者の創意である。
　城南宮は旧府社であったが太平洋戦争後の政教分離により、公的な庇護は無くなった。各地の神社は存続の努力をしなくてはならなかった。
　京都は常に観光の対象であるが、1953（昭和 28）年頃には日本の修学旅行も順調に復活・復興していた。

城南宮楽水宛　「桃山の庭」の石組（1976）

玉堂美術館　枯山水の石組
（東京都青梅市）

77

　奥多摩の御岳渓谷の畔に日本画家河合玉堂の美術館があり、建築設計・吉田五十八、庭園設計中島健により1961（昭和36）年に竣工した。周囲の山にはスギの植林が多い。山と樹林を背景に低い築地塀で仕切った余白の広い枯山水は開放的な気分にしてくれる。

　枯山水には、地元奥多摩の丸みを帯びたチャートの川石を主に使っている。石はひとつひとつ離して配置し、大小の石と石が隣接する伝統的な組み方ではない。チャートの転石は量感のある形状になるが、それが丸みを帯びている。実は丸みを帯びた石による枯山水というのは、ほとんど例が無い。量感のある石であるから、さまざまな角度からの鑑賞に堪える。この庭は石のその特徴を活かして配置している。

　奥多摩の地質は秩父古生層であり、それは京都盆地周辺の地質に似て、京都産の庭石と同質の岩石が存在する。奥多摩の石が作庭用に流通した時期もあったが、秩父多摩甲斐国立公園（1950（昭和25）年制定、2000（平成12）年名称変更）の一部であり、渓谷の石は基本的に採取されない。

玉堂美術館　枯山水（1988）

78 大徳寺瑞峯院　独坐庭の石組
（京都府京都市）

　重森三玲により1961（昭和36）年に禅宗寺院の方丈正面に作庭された枯山水である。
　青石（緑色片岩）の形の特徴は薄い板状であること。庭は古くは見る向きが決まっていたので、青石を庭に使うときは薄いとわからないよう、幅広の面を正面に向けて使った例が、ほとんどであった。この庭は寺の参拝者の歩く方向に、低い石から高い石へと組み上げ、しかも青石の薄い側面が見えるようにしている。石組全体がそそりたつような大きさを感じさせ、怜悧な緊張感がみなぎっている。方丈から見れば庭石は左から右へと高くなるのだが、こちらは石の幅広の面が見えるので安定感がある。
　大徳寺という塔頭の数々に枯山水の名園がある山内の、戦国大名・大友宗麟の菩提寺で文化財建築のある塔頭に、枯山水の様式を守りつつ青石の使い方は斬新であった。砂紋も創作である。

瑞峯院　独坐庭の石組（1988）

屋久島　登山道の石畳
（鹿児島県屋久島町）

79

　国立公園・屋久島の一部は世界自然遺産でもある。宮之浦岳を最高峰とする屋久島は全島に花崗岩が多い。雨の多い森の中の登山道は大杉の幹も岩も苔むしているが、随所に歩きやすい木道や石畳がある。

　屋久杉は大木として知られているが、それは島でも海抜の高いところに生育しているもので、海抜の低いところのスギは、江戸時代には薩摩藩により伐採・出荷されていた。スギは主に屋根葺き材の小さな板に加工された。近世の都市は板葺き屋根が多かったのである（だから大火も発生した）。

　林業を行うには林道が要る。白谷雲水峡を登ると、江戸時代からの林業の道に花崗岩の石畳が敷かれ、今日まで残る。実用の石畳が苔むして、森の中では庭園の飛石か延段にも見えるほど美しい。この人文景観も屋久島である。石畳が保存されつつ登山道が整備されている。石畳は何とも長寿命の公園施設ではないか。

　屋久島は霧島国立公園（当時）に編入されて1964（昭和39）年に霧島屋久国立公園となり、2011（平成23）年に独立して屋久島国立公園に。

屋久島　登山道の石畳（2005）

80 駒沢オリンピック公園・代々木競技場の舗石（東京都世田谷区・渋谷区）

　駒沢オリンピック公園（世田谷区）は、1964（昭和39）年のアジアで初開催の東京オリンピック会場として建設された。芦原義信の設計による広場があり、RC造だが和風の塔が立ち、舗石は着物の柄のようなパターンである。陸上競技場・体育館など複数の大型競技場があれば、競技の前後は屋外に人があふれかえる。大型の広場が必要になる。

　高度経済成長で自動車が急増、都内を縦横に通っていた路面電車は不採算のため次々廃止され、軌道敷の舗石がリサイクル利用された。石は主に茨城県産の稲田みかげ（花崗岩）である。往時は石工の手作業による板石で、表面がやや波打ち、それが摩耗して独特の風合いがある。

　写真の舗石は目地が広く深いが、現在はバリアフリー化のため目地は埋められた。広く深い目地がやや歩きにくかった記憶もあるが、景色としては捨てがたい魅力があった。1964年東京五輪会場の代々木競技場（渋谷区）や日本武道館（千代田区）周辺の敷石も軌道敷の石である。（⇒ 68, 91）

　日本各地の路面電車の敷石は、造園用にリサイクル利用されている。

　1964年東京五輪の数年前から、日本の建設事業は空前の活況を呈した。

　都市公園法は1956（昭和31）年に制定、造園技術は東京五輪を契機に、敷地造成から植栽・施設まで一式を手掛ける総合的建設技術へと進展する。公共事業の都市公園整備も拡充し各地に総合運動公園も整備されていった。

　「平和の祭典」東京五輪の年、アメリカはベトナム戦争に軍事介入した。

駒沢オリンピック公園の舗石（1986）

駒沢オリンピック公園の舗石（1986）

代々木競技場の舗石（1986）

81 皇居東御苑「諏訪の茶屋」と錆砂利
（東京都千代田区・茨城県真壁郡）

　皇居東御苑は1968（昭和43）年から一般公開されてきた。「諏訪の茶屋」は江戸時代には吹上地区にあったが、東御苑の整備に当たり現在地に。現在の茶屋は1912（明治45）年の再建、広い書院の茶室で屋根にむくりのある優雅な姿である。その庭には延段が長く伸び、桜川砂とか錆砂利と呼ばれる鉄錆色の砂が敷かれている。砂場の砂のよりも粗粒である。桜川砂（花崗岩ほか）は、その色彩が茶の湯のわびさびに通じるのか、関東では茶庭に好まれた。

　桜川砂は茨城県の桜川で採取される。霞ケ浦に注ぐ桜川は、砂の採取される真壁郡では、農村の浅い小さな川である。川底に鉄さび色の砂の堆積が見える。初めは鉄道貨車輸送の車輪のスリップ止め用に細粒の砂が採取され、造園用には粗粒を選別する。関東大震災の復興期の建築に、色彩が好まれたか、コンクリートの外壁の洗い出し仕上げに、よく使われた。

　桜川砂の採取は川に降り、川底の砂を水中で篩い分けして粗粒の部分を浮かべておいた船に積む。農閑期の作業という。筑波山が大きく見えるところである。桜川の上流は花崗岩地帯で、稲田みかげの産地も近い。

皇居東御苑「諏訪の茶屋」と錆砂利（2015）

桜川の錆砂利を採る船（1978）

北の丸公園　池の護岸の六方石と小舗石積み（東京都千代田区）　82

　北の丸公園は、国民公園として1969（昭和44）年に開園した。園内に1964（昭和39）年の東京オリンピック・柔道の競技会場として建設された日本武道館がある。北の丸は江戸城内の名であった。公園の南西に赤れんが造の東京国立近代美術館工芸館（重文）があり、この建築はかつての陸軍近衛師団司令部で、近代の北の丸には近衛師団の建物が広がっていた。

　北の丸公園は、豊かな樹林を背景にゆるやかに広がる芝生、ゆったりと曲線を描く池があり、池の護岸は六方石（玄武岩）・小舗石積み・野面石積みの三種で構成、水際の曲線を綺麗に描いている。池の長い護岸に六方石を立て並べ、小舗石（花崗岩）の石積みを多量に使った池は少ない。当時、都市河川の護岸はコンクリート造で切り立つ通称カミソリ護岸になっていたが、それよりは自然に見える石の護岸である。自然の状態では、水際は湿地性の植物になり芝生になりにくい。この池の護岸は石材と裏込めコンクリート、池底はアスファルトライニングで水が遮断されており、水際まで芝生が美しい。造園設計は伊藤邦衛。

北の丸公園　池の護岸の六方石（2015）

北の丸公園　池の護岸の小舗石積み（2015）

83 UR 大島四丁目団地の石積み（東京都江東区）

　1969（昭和44）年に日本住宅公団（現・UR都市機構）が建設した賃貸の住宅団地である。石積みを築き、植栽基盤を街路よりも団地内の広場よりも高く造成し、植栽を保護すると同時に、団地内の植込地の存在を際立たせている。安山岩の雑割石積みの布積みである。住棟と対峙して造園空間に重みを加えている。

〈小工場に酸素熔接のひらめき立ち砂町四十町夜ならむとす〉土屋文明

　この歌の戦前の城東区時代から工場地帯であった江東区は、東京大空襲で被災した。戦後の江東区は復興した工場地帯で、広い工場も町工場併用住宅も数多く、緑は少なかった。工場の地下水・天然ガス汲み上げに起因する地盤沈下で、運河の水面よりも低い土地になり、水害もあった。

　大島町は大規模な工場も多く、高い煙突が林立していたが、高度経済成長期の昭和40年代半ば、環境問題もあり、広い工場は江東地区から転出、跡地は日本住宅公団の大規模な団地などに再開発された。木造アパートや店舗併用住宅の多かった江東区に、不燃のＲＣ造高層住宅棟と、高木植栽のあるオープンスペースが出現し、住棟が街路からセットバックした広さは、新しい都会的な居住環境を示していた。

　戦後の復興事業で要求されたのは財源とスピード。日本住宅公団（1955（昭和30）年設立）などの公団方式はその両方を満たすもので、公団方式の特徴は国会の承認なしに資金を迅速に調達できることであった。

　日本住宅公団の団地造園は公共造園に大きな影響を与えた。現在、この団地は災害時の避難場所にも指定され、住民は国際化している。

UR大島四丁目団地の石積み（2015）

摩文仁の丘　石積み（沖縄県糸満市） 84

　沖縄県が1945（昭和20）年の太平洋戦争・沖縄戦後にアメリカの直轄統治を経て、ようやく本土復帰したのは、1972（昭和47）年であった。その間、沖縄のアメリカ軍基地はベトナム戦争の軍事拠点になった。

　沖縄戦跡国定公園は1965（昭和40）年の琉球政府立公園に始まり、1972年に国定公園、県営平和祈念公園は都市公園として整備されている。沖縄戦跡国定公園・県営平和祈念公園の「摩文仁の丘」は、累々と並ぶ慰霊碑から沖縄戦の過酷さが伝わってくる。琉球のグスクの石垣のような反りのある琉球石灰岩の切石積みは、沖縄戦の慰霊の地にふさわしい。琉球石灰岩は表面に細かい気孔があり、新鮮な表面は黄みの灰色であるが、年月と共に灰色から黒ずんでくる。古くから石垣や石畳に使われてきた。

　沖縄県は、江戸時代まで海洋貿易で栄えた琉球王国であった。江戸初期に薩摩藩・島津家が武力で従属させ、明治政府は琉球王国を廃して琉球藩とし、1879（明治12）年に琉球藩を廃し鹿児島県に編入、同年沖縄県とした。最後の琉球王・尚泰は1885（明治18）年に公爵に叙せられ、東京に住んだ。沖縄県にはいまもアメリカ軍基地が集中する。

摩文仁の丘　石積み全景（1986）

摩文仁の丘　石積み（1986）

85 古川親水公園の玉石張り
（東京都江戸川区）

　江戸川区は東京23区で最も農村風景を残していた区であった。急速な都市化により水が汚れた江戸時代の運河・古川を、暗渠に代え、その上にＲＣ造の水路を設け、東の旧江戸川から導水し、西の新川に至る水深30cmの小川を造ったのが、古川親水公園である。小川沿いに高木を植えた。1973（昭和48）年開園。それまでは汚れた川を暗渠化し、上に緑道を造る例がほとんどであった。夏には近隣の子供たちや家族連れが水遊びを楽しみ、水に親しむ公園になった。江戸川区内の親水公園第1号であり、古川親水公園は国や各自治体に注目され、「親水」という用語は全国に広まった。

　荒川と旧江戸川に挟まれたデルタ地帯の江戸川区に石は無く、ＲＣ造の小川に自然らしさを演出するため、護岸と川床に玉石を張った。玉石は水で磨かれているので、水辺によく似合い、子供が遊んでもけがをしにくい。

　1973年には、アメリカ軍はベトナム戦争から撤退、1ドル360円の固定相場だった日本を含め、世界の先進国が変動相場制を採用、日本はオイルショックにより経済の低成長期に入ったが、徐々に円高は進んだ。

古川親水公園　玉石張りの護岸と堰（1973）

古川親水公園で遊ぶ子供たち（1978）

大島緑道公園　入口の石積み壁・石張り広場（東京都江東区）　86

　1978（昭和53）年開園の緑道である。1972（昭和47）年に廃止になった路面電車・都電砂町線の専用軌道の跡地。軌道は自動車も走る広い道路中央に設けられた区間も多かったが、住宅の裏側を抜ける狭い都電専用区間もあって、この敷地は後者。軌道跡が歩行車・自転車専用路になった。

　細長い敷地なので、緑道の入口を明示する必要がある。入口に石積みの壁と石張りの広場を設けた。壁の石積みには安山岩〔鉄平石〕、緑色片岩〔秩父青鉄平〕の小端積み、これは板状の石の薄い断面を見せてセメントモルタルで固定しながら積み重ねるもので、石の断面の寸法は幅も厚さも不揃いであり、高さの調整をしながらの作業となる。壁の一部は花崗岩の石張りで進入方向を示し、広場の石張りには花崗岩、大理石を用いている。利用者の多い緑道であるが、石積み壁・石張り広場に損傷はほとんど無い。

大島緑道公園入口（2015）

87 栃木県中央公園　八角パーゴラの柱
（栃木県宇都宮市）

　昭和天皇在位50年記念事業として、1982（昭和57）年開園した。水景豊かな公園で、園内に栃木県立博物館もある。園内に地元で採れる大谷石（凝灰岩）を用いた施設が多く、県木トチノキも多数植栽されている。

　平面幾何学式でカナールのある区域の焦点として、平面が八角形のパーゴラがあり、8本の柱は大谷石製、柱上から木製の昇り梁が頂点に集まる。このパーゴラは日陰を作ろうとしていないし、ただそこにあるだけ。それでも公園を代表する景色になっている。そういえばパーゴラは都市公園法では修景施設であった。設計は伊藤邦衛。

　大谷石は表面が虫食い状に穴が開いているが、それがまた味でもある。大谷石は多孔質で吸水性もあるから、土止めなど湿気の多い環境に使うと冬場の結氷によって風化が進み易いが、この八角パーゴラの柱は健在。

栃木県中央公園　八角パーゴラの柱（1994）

西川緑道公園　石の花の噴水
（岡山県岡山市） 88

　9か年をかけ1982（昭和57）年に全面開園した、西川沿いの緑道公園である。西川は岡山後楽園の西、JR岡山駅の東に市内を南北に流れ、江戸時代には生活用水として利用され、現在は農業用水路である。

　2.4kmにおよぶ細長い園内に、さまざまな石の公園施設があり庭園を思わせる。噴水には花びらのような曲面のある石を組み合わせ、水盤の代わりに石の花を創出した。地元の万成みかげ（花崗岩）を使っている。万成みかげは磨いた面はサーモンピンクがかっているが、野面は鉄錆色である。設計は伊藤邦衛。伊藤は『はじめに材料ありき』と石切場からの発想を大切にし、石切場で廃棄されるような石を噴水の花に活用したという。

　西川緑道公園築造後、周辺にマンションが増え、第1回緑の都市賞受賞など高い評価を受けてきたが、30年を経て樹木は成長、市民から改善要求も出ている。

西川緑道公園　石の花の噴水　左の水路は西川（1987）

89 日比谷公園緑化道路の木曾石
（東京都千代田区・岐阜県中津川市）

　日比谷公園に隣接する霞が関側と有楽町側の街路の歩道は、植栽が通常の街路樹よりも豊かである。野面石(のづらいし)の縁石や景石、ときにはパーゴラも配されて庭園的な印象もあり、歩行者に公園と街路の植栽が一体となった緑陰を提供している。緑化道路と呼ばれ、1982（昭和57）〜1986（昭和61）年に事業化された。日比谷公園は各種集会が催されるので、警備担当の警察との間で、柵・入口・線形・舗装について、交渉・検討が多かった。

　その縁石と景石には岐阜県産の木曾石（花崗斑岩）が採用された。木曾石は恵那山麓の山石で、表面は川石のように滑らかではなくざらつく。丸みのある形ながら花崗岩の節理による平坦面もあり、景石はベンチにもなる。東京都における緑化道路の第1号で、以後各所で緑化道路は事業化された。

　明るい色調で丸みのある木曾石は産量が多く、昭和40年代から首都圏で公共造園に多用された。これは中央自動車道開通の時期と重なる。都市の色調は、RC造のビルや木造住宅のモルタル外壁により明るくなっており、木曾石の明るい色はよく調和したと言えようか。

　川石も海石も量的な確保は河川法・海岸法の制約もあり難しく、野面石を量的に確保するには山石に頼る時代になっていた。

日比谷公園緑化道路　左の柵の奥が日比谷公園（2015）

石と造園 100 話

木曾石の採石場（1978）

木曾石の採石場（1978）

90 国営昭和記念公園　カナールと舗石
（東京都立川市・昭島市）

　昭和天皇御在位50年記念事業として1983（昭和58）年に開園した国営公園である。立川口からの「展示施設ゾーン」には長大なカナールと噴水があり、カナール沿いの園路に花崗岩、大理石など外国の石による美しい舗石が施されている。欧州の古庭園のカナールのほとりに舗石があるわけではない。舗石の大材のすき間に小さい石材をはめ込むのは日本の伝統技法である。（⇒22）

　こうしたデザインの舗石は、決まった形状寸法の石材を使う舗石よりも施工に手間がかかる。園路の小端積みもよろしい。施工は鉄平石の技能者の技によるもので、この区域の造園設計は伊藤邦衛。

　日本は経済成長と円高により石材を安価に輸入できる国になり、建築で需要が高まり、大きな石を板状に機械加工することも容易になった。伊藤は石材工場で多量の端切れの石材を見て、この種の舗石を着想したという。伊藤は「雑石張り」と呼んだ。

　この土地は大正時代の旧陸軍航空部隊立川飛行場に始まり、太平洋戦争後、米軍に接収されて立川航空基地となり、1977（昭和52）年に日本に返還された。土地の履歴は激動の昭和を記念する公園にふさわしい。基地が去り、国営公園が開園してから、立川は明るく美しいまちに変貌した。

昭和記念公園　カナールと舗石（1986）

馬事公苑前けやき広場の舗石 （東京都世田谷区） 91

　馬事公苑前に二列のケヤキ並木があるアスファルト舗装道路があったが、自動車の通る機能は一部残し、1986（昭和61）年に歩行者専用の石の広場に改造された。大型の舗石（花崗岩・大理石）は外国の石を多く使い、鉄平石（安山岩）の小舗石や花崗岩の小舗石も使っている。国際化社会は外国の石の利用にも端的に表れた。たしかに豪華な雰囲気はある。大型の舗石は厚く、舗装面は平坦だが、裏面は割肌で凹凸のある石材であった。建築用の板石にするため、割肌の大きな石塊を、いわば食パンを薄切りにするように機械加工するが、その端部であろう。

　1985（昭和60）年のプラザ合意により、1ドル200円台と円高が進み、日本は海外から原材料をより安く輸入できる国になっていた。

　広場にテントの脚部を埋め込むための金具が当初から埋設され、世田谷区民の広場として、さまざまなイベントが開催されてきた。ケヤキ並木があればこそ広場ができ、ケヤキはその後も元気に育っている。

　馬事公苑は日本中央競馬会（JRA）が運営する。1940（昭和15）年の東京オリンピック馬術競技会場に予定されたが、中国と戦争をした日本は開催を返上、1964（昭和39）年の東京オリンピックでついに馬術競技会場になった。（⇒ 68, 80）

馬事公苑前けやき広場の舗石（1986）

92 小樽運河遊歩道の小舗石（北海道小樽市）

『小樽には、戦前の港町のおもかげが色濃く残っている。日本の多くの都市が個性を失ったなかにあって、小樽は昔ながらの情趣に富んだ町と言えよう。運河と坂道と古い建物……。旅人の心をひく道具立てはそろっている。』（原田康子「小樽・札幌」）

1986（昭和61）年、市民の小樽運河保存運動を経て、運河は半分埋め立てられ、北海道道・小樽港線開通により整備された小樽運河沿いの遊歩道である。機能を停止していた小樽運河は1923（大正12）年の完成、水質浄化とあいまって、れんが造、石造の倉庫群と織りなす景観は観光名所となった。組積造の建築のテクスチャーに視覚的に調和する舗装は、手作業で敷き詰めた小舗石舗装であろう。花崗岩の小舗石を「うろこ敷き」にしている。

小舗石は古典的な舗装で、アスファルト舗装が未発達だった時代には、街路に一般的に使われていた。本場ヨーロッパの小舗石舗装は目地をモルタルで固めない。立方体あるいは直方体の小舗石をきっちり敷き詰めるだけである。色違いの小舗石で横断歩道の模様を描くなどの技法も、ヨーロッパには珍しくない。国際技能五輪の造園の実技にも小舗石舗装が入っていたが、ヨーロッパの若い技能者はさすがに上手であった。歩行性、あるいは自動車の走行性がよい舗装は今日各種あり、小舗石舗装は美観優先のものと言えよう。（⇒ 99）

小樽運河遊歩道（1989）

諏訪市湖畔公園の石張り園路
（長野県諏訪市）

　諏訪湖の東岸に1986（昭和61）年に湖畔公園が完成してから、湖畔に若者が再び出て歩くようになったという。湖岸通りと湖の間、南北に細長い公園で、国際的な競争力を持つ精密機械工業のS社が記念事業で整備し、諏訪市に寄付した。造園設計は戸田芳樹。

　このころ日本の景気は後にバブル経済と呼ばれる状況になっていった。

　園路は鉄平石（安山岩）の石張りで舗装されている。鉄平石は諏訪で産出し、節理があって薄い板状に割り易い。地元では古くから屋根葺き材として石屋根に使われ、近代の建築・造園石材としてコンクリートを併用する石張り・石積み用に国内に普及した。青味のかかった色や赤みのかかった色がある。不整形の石を張る目地の繊細さにかけては、日本は世界で最も優れているであろう。

　諏訪湖畔は明治時代に製糸工業が立地し、女工たちが働いて優れた生糸を生産した。生糸を横浜港から海外に輸出し、獲得した外貨で日本は英国から軍艦を購入、日露戦争の日本海海戦に臨んだ。いま諏訪湖畔は精密機械工業が発展し、湖の水質は浄化されて観光客が訪れる。

諏訪市湖畔公園の石張り園路（1998）

94 甲州鞍馬石の里（山梨県甲州市）

　甲州鞍馬石（花崗閃緑岩）の名は、京都の鞍馬石（⇒74）に似た甲州産の石という意味である。JR甲斐大和駅を降りて歩くと道沿いに甲州鞍馬石を取り扱う石屋が並んでいる。「甲州鞍馬石の里」と称して観光的にも存在をアピールをしている。この里にほのぼの、のんびりした雰囲気があるのは、石の形がずんぐりむっくりで、石の色が明るい茶色のせいであろう。

　素朴な加工の石燈籠（山燈籠）や手水鉢が数多く展示されている。おだやかな気持ちにさせてくれる石も、よいものであると思う。この石は東京よりも名古屋方面で人気があるという。庭に入れて年を経ると石の表面色は黒ずんでくる。

　甲州鞍馬石は山肌を掘ると浅いところに花崗閃緑岩の風化した岩塊が現れるので、それを採取する。中央自動車道からも一瞬石切り場が見える。出荷には中央自動車道を使う。

甲州鞍馬石の里　石屋の展示（1993）

平塚市総合公園　割肌の石による流れの石組（神奈川県平塚市） 95

　平塚市立の総合公園で、1991（平成3）年開園、各種競技場を配置するなど整備水準が高い。この公園は広い園内に多量の石材が使われ、予算面の豊かさが感じられる。公園の一隅に日本庭園が造られ、池や流れがある。

　流れの石組には花崗岩の割肌の石を使っている。日本庭園の伝統では石組に野面石を用いるが、現代の公園の大規模な石組で、良い野面石を量的にそろえるには限界もある。割肌の石を組むには造形力が要求されるが、この石組は成功の一例と言える。二段重ねに見える石の、やや広く開いたすきまに見える部分は、夜間照明が灯るもので、彫刻家によるデザイン。

　建築外構などで、石組に割肌の石を用いることは、広く行われるようになっていた。（⇒75）

平塚市総合公園　流れの石組（1992）

96 けいはんな記念公園の岩壁
（京都府相楽郡精華町）

　正式名称は京都府立関西文化学術研究都市記念公園、平安遷都1200年記念事業である。（⇒ 47）

　広大な日本庭園の池泉のほとりの岩壁は天然の柱状節理を連想させるが、1995（平成7）年開園の都市公園に造られたダイナミックな石の造形である。施工会社はあらかじめ模型を制作、模型に従い所定の寸法で柱状に加工した割肌の石を用いた。石材は瀬戸内海に浮かぶ犬島（岡山県）の花崗岩で、船とトレーラーで搬送した。最大の石は30tに及んだ。

　石材を安定させるために新工法を用いている。厚さ1.5mのコンクリート基礎を設け、石材の裏側にあらかじめ鉄道レールを立て込み、石材とレールをピアノ線で緊結し、裏込めコンクリートを施した。立てたレールの高さは7m余ある。

　公園の敷地境界に既存の高いコンクリート擁壁があり、その目隠しを兼ねた岩壁である。造園工事を実施した施工会社の技術力が優れていた。

　1995年ころから日本経済はバブル崩壊により長い低迷期に入り、公共事業は縮小していった。

けいはんな記念公園の岩壁（2008）

富士山こどもの国　富士ぼくの モニュメント（静岡県富士市） 97

　静岡県の広域公園、富士山こどもの国は、1999（平成11）年に開園した。富士山と愛鷹山に挟まれた標高1,000 mの十里木高原に近く、山霧が発生、鹿も出没するという。工事現場で発生した富士山の石、富士ぼく（玄武岩）を園内に利用している。小石の富士ぼくをコンクリートを使って円錐状に積み上げたモニュメントは、下から上に小さくなるように石を選んでいる。

　富士山の岩石で利用されているものは、富士ぼくと大沢石（安山岩）が代表的である。富士ぼくは大きなものから小石まであるが、表面は黒くざらついている。宅地造成の時などに掘りだされたものが地元にストックされ使われている。（⇒ 44）

　大沢石は大沢崩れから採れ、丸みを帯びている。大沢崩れは砂防工事が継続されており、除去した固い安山岩は砕石にされるが、造園的利用としては水辺に調和する。

富士山こどもの国　富士ぼくのモニュメント（1997）

98 難波宮跡公園　遺構の表示と石
（大阪府大阪市）

　飛鳥・奈良時代の難波宮の遺跡が、太平洋戦争後発掘調査され、その存在が実証された。調査後の遺跡は埋め戻されたが、国の史跡に指定され、大阪市で1974（昭和49）年に7haが、歴史公園の種別で都市公園として都市計画決定された。遺構の表示と公園としての利用の両面を担い、大阪城公園の南に位置する。2001（平成13）年に一部（1.1ha）を開園。

　いずれもレプリカであるが、大極殿の基壇や諸建築の柱の礎石が、石をそれらしく加工して遺構の上の位置に配され、植栽も遺構の表示を担うなど、さながら発掘された遺跡を目の当たりにする気分になれる。こうした古代の遺構を表示し、リアルに再現する施設には、石ほどふさわしいものはないであろう。

　現代の大都市の公園であるから、遺構を表示した施設の配置と利用者の動線が整合しないなど、公園管理上の困難もあるようである。しかし隣接する大阪歴史博物館の上から俯瞰した公園の景は感動的ですらある。

難波宮跡公園　遺構の礎石の表示（2005）

横浜赤レンガパーク　赤レンガ倉庫の舗石（神奈川県横浜市）

　横浜港の横浜赤レンガパークは港湾法にもとづく緑地で2002（平成14）年に開園した。若者でにぎわう赤レンガのたてものの近くに、美しく摩耗した花崗岩の小舗石舗装がある。

　かつては新港埠頭と呼ばれた物流の拠点で、赤レンガ倉庫（重文）は明治末期に建設されて以来、現役で倉庫の機能を担ってきた。この小舗石舗装は古くからの、実用本位の舗装であった。トラックが頻繁に通行しても、その荷重に耐えてきた。今日では想像しにくいが、アスファルト舗装技術が未発達だった時代、小舗石舗装は耐久性の高いものとして信頼され普及していた。（⇒ 92）

　横浜港の再開発で、横浜みなとみらい21の歴史的なゾーンとして赤レンガパークが整備されたとき、小舗石舗装の遺構の一部が保存された。

　港湾法に港湾環境整備のための施設として、緑地や広場が明記されたのは1973（昭和48）年の改正にさかのぼる。

横浜赤レンガパークの舗石（2009）

100 石川県庁・県民の森の胴割石積み（石川県金沢市）

　石川県庁は金沢の旧市街から海側の新市街に引っ越し、2002（平成14）年に竣工、庁舎の高層ビル周辺は県民の森として整備された。県民の森の敷地は街路よりも高く造成され、擁壁には金沢伝統の胴割石積みが採用されている。胴割石積みは玉石の断面を見せて積むが、石積みに『真行草（しんぎょうそう）』があるとすれば格式ばった『真』ではなく、『行』と言うべきものであった。
　金沢の旧市街は金沢城跡を中心にほぼ半径2kmの範囲で、そこには胴割石積みが随所に見られる。胴割石積みは都市的なもので、農村的なものではない。
　新しい市街地の県庁舎の周囲に採用された胴割石積みにより、石積みの伝統が継承され、地方色が発揮されている。（⇒30）

石川県庁・県民の森の胴割石積み（2008）

主要参考文献

小林章（1982）：造園材料としての白川砂の研究，造園雑誌 46（2）

小林章・金井格（1984）：京都における造園用石材の地域性の研究，造園雑誌 47（3）

小林章・金井格（1984）：造園材料としての那智砂利の研究，造園雑誌 47（5）

小林章・金井格（1984）：造園材料としての桜川砂の研究，東京農業大学農学集報 28（4）

小林章（1991）：外観の比較から見た砂礫材料の精製法，造園雑誌 54（5）

小林章（1996）：石材・木材の加工とイメージ，東京農業大学農学集報 41（1）

Akira KOBAYASHI & Ayumi ARAI（**1998**）：An Investigation into the Use of Stone in the Community of Iwa-chiku in Manazuru-machi,The International Symposium on Traditional Gardens of Private Residence in Korea,China and Japan

小林章（2002）：金沢における戸室石利用の意義，ランドスケープ研究 65（5）

小林章・本田祐一・國井洋一（2009）：金沢における胴割石積みの利用の展開，ランドスケープ研究 72 増刊・造園技術報告集 5

小林章・國井洋一（2011）：近代の石巻における神社境内の井内石製施設の展開，ランドスケープ研究 74（5）

丹羽桂太郎・小林章（2005）：日比谷公園開園時における二・三の施設の石材加工・利用技術,ランドスケープ研究 68（5）

林洋子・小林章（2002）：山下公園における造園建設技術，ランドスケープ研究 65（5）

臨時議院建築局（1921）：本邦産建築石材

小山一郎（1931）：日本産石材精義, 龍吟社

飯島亮・加藤栄一（1978）：原色日本の石 産地と利用，大和屋出版

湊正雄・井尻正二（1976）：日本列島（第三版）・岩波新書

地学団体研究会京都支部編（1976）：京都五億年の旅，法律文化社

国土庁土地局（1975）：土地分類図（三重県）

国土庁土地局（1976）：土地分類図（京都府）

経済企画庁総合開発局（1974）：土地分類図（和歌山県）

経済企画庁総合開発局（1974）：土地分類図（石川県）

経済企画庁総合開発局（1974）：土地分類図（宮城県）

尼崎博正（1985）：古庭園の材料と施工技術に関する研究，京都芸術短期大学

尼崎博正（1986）：守山石と小川治兵衛，京都芸術短期大学『瓜生』第 9 号

Josiah CONDER（**2002**）：Landscape Gardening in Japan, 講談社インターナショナル（原著は 1912 年刊）

主要参考文献

堀口捨己（1977）：庭と空間構成の伝統，鹿島研究所出版会（原著は1965年）

田中正大（1967）：日本の庭園・SD選書，鹿島出版会

田中正大（1981）：日本の自然公園・相模選書，相模書房

針ヶ谷鐘吉（1990）：文明開化と造園，東京農業大学出版会

東京都建設局公園緑地部編（1985）：東京の公園110年

小林安茂（1980）：上野公園・東京公園文庫，郷学舎

林丈二・丹尾安典（1994）：こんなに面白い上野公園・とんぼの本，新潮社

前島康彦（1980）：日比谷公園・東京公園文庫，郷学舎

進士五十八（2011）：日比谷公園，鹿島出版会

前島康彦（1981）：皇居外苑・東京公園文庫，郷学舎

越沢明（1991）：東京の都市計画・岩波新書

大内弘（1986）：歩行者空間の環境改善手法について，都市公園93

田中祥夫（2000）：ヨコハマ公園物語・中公新書

森下元之（2006）：難波宮跡公園化事業推進，ランドスケープ研究69（3）

佐藤竜馬（2011）：香川県庁舎南庭の基礎的考察，香川県埋蔵文化財センター研究紀要7

金井格他（1987）：人のための道と広場の舗装，技報堂出版

造園研究グループ（1998）：ランドスケープ・コンストラクション，技報堂出版

小林章・山口剛史・近藤勇一（2003）：造園の施設とたてもの―材料・施工―，コロナ社

久米邦武編・田中彰校注（1977～1982）：米欧回覧実記（一）～（五），岩波文庫（原著は1878年初刷）

桜井勝之進（1969）：伊勢神宮，學生社

吉野裕子（1978）：陰陽五行思想からみた日本の祭，弘文堂

村上重良（1974）：慰霊と招魂・岩波新書

坪内祐三（2001）：靖国，新潮文庫

小島毅（2014）：増補靖国史観・ちくま学芸文庫

ドナルド・キーン（2003）：明治天皇を語る・新潮選書

小田部雄次（2006）：華族―近代日本貴族の虚像と実像・中公新書

ルース・ベネディクト著・長谷川松治訳（2005）：菊と刀，講談社学術文庫（原著は1946年，訳書は1948年初版）

竹前栄治（1983）：GHQ・岩波新書

産経新聞社会部編（1961）：東京風土図Ⅱ・現代教養文庫，社会思想社

古川修（1963）：日本の建設業・岩波新書

米田雅子（2003）：田中角栄と国土建設，中央公論新社

索　引　（数字は100話中の番号、頁ではない）

■石材名

青石	3,4,6,11,12,14,15,16,18,40,41,78
庵治石	75
伊勢ごろた	58
磯石	42
井内石	43,49,54,60,64
稲田みかげ	61,80
海石	10,14,19,20,41,42
塩山みかげ	68
大磯砂利	72
大谷石	65,69,70,73,87
お白石	1,2,3
川石	6,13,14,41,77
木曾石	89
貴船石	74
鞍馬石	74
黒ぼく	19,57,58
甲州鞍馬石	94
小松石	69,71
桜川砂	81
錆砂利	81
雑割石	83
鹿ケ谷真黒	13
小舗石	82,92,99
白川砂	5,8,26
高野ごろた	13
玉石	30,31,36,45,51,52,55,57,85
秩父青鉄平石	86
鉄平石	73,86,93
戸室石	27,28,35
胴割石	27,29,30,100
那智黒	33
那智白	33
根府川石	18,38,56,57,58, 余話
白砂	5,26, 余話
富士山の石	44,97
松倉石	63
万成みかげ	67,70,88
御影石	39
守山石	48
山石	8,63,89
六方石	82
割肌の石	75,95,96

■岩石名

安山岩	17,18,20,21,22,23,25,27,28,35,36,37,38,42,46,50,51,52,56,57,58,59,62,69,71,73,83,86,93
花崗岩	5,8,13,17,26,37,39,45,47,50,53,58,61,62,66,67,68,70,71,72,75,79,80,81,82,86,88,90,91,92,95,96,98,99
花崗閃緑岩	74,94
花崗斑岩	89
輝緑凝灰岩	74
凝灰岩	65,69,70,73,87
結晶片岩	2
玄武岩	18,19,44,57,58,82,97
石英片岩	1,2,3
大理石	86,90,91
チャート	7,8,11,13,16,48,76,77
粘板岩	33,43,49,54,60,64
ホルンフェルス	13
琉球石灰岩	84
流紋岩	33,63

索　　引

緑色凝灰岩	72	護岸	51,57,82,85
緑色片岩	2,3,4,6,11,12,14,15,16,18,40,41,78,86	小端積み	86,90
		沢渡り	36,47
礫岩	24	敷石	17,22,35,60

■施設・部材名

		社号標	63
石組	6,7,8,11,15,16,75,76,77,78,95	水盤	61,70,88
		州浜	58
石畳	79	石碑	38,54
石段	3,35,37,59	側溝	52,53,55,72
石積み	18,25,27,29,30,45,51,62,69,71,82,83,84,100	滝石組	6,11,41
		手水鉢	10,66,94
		飛石	9,56,58
石燈籠	17,32,39,74,94	橋桁	12,25
石鳥居	17,37,54,60	橋挟みの石	23
石橋	12,18,21,23,25,28,64	柱	17,49,50,87
石塀	46,73	花鉢	46,61
磯渡り	40	梁	17,25
井筒	20	パーゴラ	87
縁石	53,68,72	バルコニー	67,71
オベリスク	49	船着き石	43
伽藍石	74	方位盤	62
橋台	12,25	舗石	67,80,90,91
杏脱石	6,34	豆砂利敷き	55,72
		門柱	50,69,70

あとがき

　石を使う造園の技術を、100話の中でおおまかに時の流れに沿って見ることができたら便利かと考えて、本書をまとめた。現存する事例から選ぼうと、世評高い造園作品を追跡してみたが、改修などで失われた例もいくつかあった。日本では超高層ビルさえ建て替えるが、造園作品の寿命は何に左右されるのであろう。記録する意味も考え失われた作品や移築・復元された作品からもいくつか選んだ。「石と造園100話」にふさわしいシンプルな記述にすべきところを、あれもこれもと内容を欲張った気もする。

　著者は、中央職業能力開発協会の中央技能検定委員として、造園技能士の試験に十余年関わった。日本公園緑地協会の委員として、全国で使われる「都市公園技術標準解説書」の改訂に2回、また造園施工管理技士試験のテキストとされる「造園施工管理技術編」の改訂に3回参画してきた。自然環境共生技術協会の委員としては、全国で使われる「自然公園等施設技術指針」の『施設の長寿命化』の検討に参画した。また日本公園施設業協会では審査委員会委員を十年余務めてきた。つまり、著者は庭園・都市公園・自然公園にわたり、日本の造園技術の水準を担う事業に参加する機会を得た。東京農業大学で長年造園技術者教育に努めて来た身の冥利に尽きることで、農大の造園教育への社会の信頼をかみしめている。小著が「石と造園100話」のタイトルで、話題が庭園・都市公園・自然公園にわたるのは上記の背景による。

　本書の原稿完成には、造園科学科・景観建設技術分野の荒井歩准教授と國井洋一准教授にご協力をいただいた。記して謝意を表する次第である。

　ことし2015年は太平洋戦争敗戦後70年の年である。著者は戦後の東京生まれ、物心つくころは高度経済成長期の始まりとはいえ、人にも生活にも戦争の傷跡が影のように残っていた。著者は東京農業大学の教員生活の間、さいわいにも卒業生を誰一人として戦争に送り出さずに済んできた。

　造園事業も戦争の影響を受け、間接的にしても造園作品が戦争に関わった例もある。不戦を祈って、小著に戦争に関する記述が増えた。

東京農業大学地域環境科学部造園科学科
教授　小林　章

著者略歴

小林 章（こばやしあきら）

1974年	東京農業大学農学部造園学科卒業
1974年	東京都港湾局臨海開発部勤務
1977年	東京農業大学助手
1987年	東京農業大学専任講師
1996年	博士（農学）（東京農業大学）
1997年	東京農業大学助教授
1999年	日本造園学会賞（研究論文部門）受賞
2002年	東京農業大学教授　現在に至る

おもな著書

1998年	「ランドスケープ・コンストラクション」（共著）技報堂出版
2003年	「造園の施設とたてもの」（共著）コロナ社
2010年	「環境緑地学入門」（監修）コロナ社
2010年	「改訂　造園概論とその手法」（監修）職業訓練教材研究会
2011年	「造園用語辞典（第3版）」（共著）彰国社
2013年	「都市公園技術標準解説書（平成25年版）」（検討委員）日本公園緑地協会
2015年	文部科学省高等学校用教科書「造園技術」（編集・審査協力者）
2015年	「造園施工管理技術編（改訂27版）」（委員）日本公園緑地協会

石と造園100話

2015（平成27）年11月8日　　初版第1刷発行

著者　小林　章
発行　一般社団法人東京農業大学出版会
　　　代表理事　進士五十八
　　　住所　156-8502　東京都世田谷区桜丘1－1－1
　　　Tel.03-5477-2666　Fax.03-5477-2747
　　　http:www.nodai.ac.jp
　　　E-mail:shuppan@nodai.ac.jp

Ⓒ小林章　印刷／東洋印刷
ISBN978-4-88694-454-2　C3061　￥2000E

洛東清閑寺ノ石皂色濃ニシテ脆ク能ク生ス窨穽ヲ以テ植樹木ニ能ク
茂盛ス人争ヒ求メ樹盆ト為ス
駿州卍子土州渡川出ス盆山石雖モ嶺南英石ニ不潤甚堅硬ニシテ礎石
攝州御影山列白川並出ス大石白色不潤甚堅硬ニシテ礎石
及塔碑碓伊磋磋ノ類彌ラノ廉也皆今之ヲ為上古今取用
而無盡期也備前犬島亦出ス大石文余者不少
豊島石灰皂邑肌理不密甚脆下品堪為爐竃及化垣ニ
播州龍山石淡黃或淡青色肌理細密與埴土不遠最易
彫刻又堪為階石溝側石
伊豆石青色ニシテ廣而以為階砌之用
山城宇治石淡黑色細密以堪為茶磨勢州泉州並出菩
磨石然不如宇治者
豊前高良濱出白石易碎潔白不潤澤大小厚為方形似
一方解在而無光備中亦有之可為以樹盆之撒石